# 牧区乡村人居环境

张　立　林楚阳　荣丽华　著

同济大学 出版社
TONGJI UNIVERSITY PRESS
·上海·

**图书在版编目(CIP)数据**

牧区乡村人居环境 / 张立，林楚阳，荣丽华著. —
上海：同济大学出版社，2020.6
ISBN 978-7-5608-9343-3

Ⅰ. ①牧… Ⅱ. ①张…②林…③荣… Ⅲ. ①牧区-
乡村-居住环境-研究-中国 Ⅳ. ①X21

中国版本图书馆 CIP 数据核字(2020)第 119531 号

## 牧区乡村人居环境

张　立　林楚阳　荣丽华　著

**责任编辑**　翁　晗　　**责任校对**　徐春莲　　**封面设计**　钱如潺

出版发行　同济大学出版社　　　www.tongjipress.com.cn
　　　　　(地址：上海市四平路 1239 号　邮编：200092　电话：021-65985622)
经　　销　全国各地新华书店
排　　版　南京文脉图文设计制作有限公司
印　　刷　江苏凤凰数码印务有限公司
开　　本　710 mm×1000 mm　1/16
印　　张　13
字　　数　260 000
版　　次　2020 年 6 月第 1 版
印　　次　2020 年 6 月第 1 次印刷
书　　号　ISBN 978-7-5608-9343-3

定　　价　72.00 元

**研究支持**

国家自然科学基金"内蒙古草原聚落空间模式与适宜性规
划方法研究"(51868057)、"我国乡村人居空间的差异性特
征和形成机理研究"(51878454),内蒙古自治区绿色建筑重
点实验室,草原人居环境科学与技术创新人才团队

# 序

我国是世界上草原资源最丰富的国家之一。我国草地资源丰富,总面积接近 4 亿公顷,牧区占国土面积的比例超过 40%。我国的牧区主要分布在西部及西北部边缘地带,涉及内蒙古、新疆、西藏、青海、甘肃、四川等 14 个省(自治区)及新疆生产建设兵团的牧区、半农半牧区。广大的牧区是我国少数民族的主要聚居地,也是生态环境脆弱区,是我国乡村发展的重要组成部分,但长期以来,受经济发展水平制约,牧区人居环境建设落后、基础设施薄弱、社会教育程度低。由于生态退化威胁、牧民放牧方式等多重因素影响,牧区乡村人居生活环境水平提升较之传统农业地区难度更大。推动牧区乡村现代化建设,对我国全面实现农业农村现代化、保障生态安全、促进民族团结和边疆稳定意义重大。

进入 21 世纪以来,国家对"三农"问题给予前所未有的重视。2006 年中央一号文件提出"整体推进新农村建设",全面拉开了我国建设新农村的序幕。2008 年以后,国家对于牧区的发展思路也由引导畜牧业转型发展转向以草原生态保护和人居环境建设为重点,不同省份分别结合省情特点先后全面开启了牧区乡村现代化建设之路,包括农牧区危房改造、基础设施提升、公共服务覆盖等系统性工程。2009 年,国家在青海省、西藏自治区推行了藏区游牧民集中定居点工作,2015 年前后又推出了"十个全覆盖"工程,以改善牧区乡村落后的生产生活条件。总体而言,经过多年实践,牧区乡村人居环境已初见提升成效,但还有很多问题没有解决。

同济大学牵头承担的"我国农村人口流动与安居性研究"课题,调研样本涵盖了内蒙古和青海的典型牧区乡村。调研团队在当地人员陪同下共计访谈了 21 个牧区村,并在全国调研结束后,又亲赴内蒙古牧区乡村生活、调研了 2 周,通过居住在牧民家庭,座谈村民、村干部等,更加深刻地感受了现代化建设过程中牧区乡村生产、生活状态,为本书的撰写形成了更加翔实的数据支撑和更加生动的感性认识支撑。

本书在梳理牧区乡村建设政策的基础上，重点对牧区乡村居住模式与特征，草原游牧文化背景下的牧民生活及牧区定居点及设施建设为核心的生活环境，以畜牧业与家庭小牧场、牧民收入与牧民就业为核心的生产环境，以气候与生态系统、草原生态保护为核心的生态环境等方面展开了详细论述，总结了牧区乡村人居环境建设的困境，并结合国际经验提出了牧区乡村人居环境提升策略。总体而言，这是一本脉络清晰、结构完整，全面展示牧区乡村人居环境建设图景的著述，对于目前相关领域研究成果较少的现状，本书的出版是一次重要的补充。

本书的出版凝结了课题团队辛勤的努力和对牧区的关爱，在此表示真切的敬意和祝贺。希望在展示本次调研和研究成果的同时，本书的出版也能够进一步引起各界对于占我国国土面积 40% 的牧区乡村给予更多的关注，推动牧区乡村建设规划领域的研究，形成更多可以为政策设计、规划实践等带来切实启发的好成果。

张尚武

中国城市规划学会乡村规划与建设学术委员会主任委员

同济大学建筑与城市规划学院教授

# 目　　录

# 1 绪 论

## 1.1 研究背景

乡村振兴背景下,乡村人居环境建设成为社会关注的热点议题。目前,有关乡村人居环境的研究多集中于传统的农耕地区,所提出的各种乡村建设发展策略多基于农区乡村,对居于草原深处的牧区乡村的研究较少。牧区的社会经济发展源自畜牧业,而传统畜牧业生产与传统耕种农业生产差异较大,畜牧业生产方式影响着牧区乡村的生活方式,因此,基于农区乡村情况所提出的一系列农村人居环境建设策略和方法并不一定完全适用于牧区。

牧区乡村是我国乡村发展的重要组成部分,其代表的畜牧业经济在我国经济体系中具有独特的地域特征。牧区乡村的生产、生活、生态紧密相关,"牵一发则动全身",影响的不仅仅是牧区省份的经济社会发展,同时还对国家畜牧业的全面发展、区域生态环境的改善有着更为深远的影响。

深入研究牧区乡村人居环境建设,有助于了解牧区乡村畜牧业发展规律,了解牧区乡村发展存在的困境和需求,为进一步聚焦高质量发展,改善牧区乡村居民生活环境、生活质量、生产能力以及草原生态环境的保护,提供切实可行的建议与措施;同时,也为响应、落实新时期国土空间规划提出的严守生态底线、构建"山水林田湖草"生命共同体等生态文明建设提供抓手。

笔者 2015 年承担了住房和城乡建设部"我国农村人口流动及安居性研究"课题,实地走访调研青海和内蒙古自治区的若干牧区乡村,亲身感受了牧区乡村的实际情况,历经波折、印象深刻。2016 年 9 月,笔者又赴内蒙古牧区乡村,工作生活了两周,与政府工作人员、村干部和牧民做了更深入的交流,对牧区乡村的生产生活有了亲身体验。

客观而言,相比农区乡村,我国牧区乡村受重视程度偏低,生态系统脆弱,公共服务设施和基础设施配建不足,牧民的生活环境相对较差。因此,本书以全国的乡村调研为基础,结合牧区乡村案例的田野调查,深入认识牧区乡村人居环境的基本特征;进而从牧区乡村人居环境建设的视角出发,探索牧区乡村建设的适宜性方法;通过对牧区乡村生产和生活方式的解析,探索辨析牧区乡村人居环境的基本特征和生成机制,以扩展我国乡村人居环境研究的类型范畴,为未来我国牧区乡村建设提供指导和借鉴,助力实现牧区乡村振兴。同时,本书研究成果也将为优化我国草原牧区生态保护政策提供支撑,助力国土空间规划,打造"生产空间集约高效、生活空间宜居适度、生态空间山清水秀"的牧区乡村空间新格局。

## 1.2　相关概念

### 1.2.1　牧区

牧区,"是以畜牧业生产为主的地区。相对于以种植生产为主的农区、以林业生产为主的林区、以渔业生产为主的渔区而言,是产品牲畜和役畜的饲育、生产基地。我国的牧区主要分布在西部及西北部边缘地带,分布于大兴安岭—通辽—榆林—兰州—拉萨—线以北地区,多属天然草原,是我国畜牧业生产的重要基地。该地区有辽阔的草原可放牧食草家畜,但自然条件恶劣,特别冬春季节自然灾害严重,科技文化落后,交通条件不便"(向洪,1991)。

我国牧区分布较为广泛,包括内蒙古、新疆、青海、西藏、甘肃、四川、宁夏、黑龙江、吉林、辽宁、河北、山西等省(自治区),但主要集中在内蒙古自治区、新疆维吾尔自治区、西藏自治区和青海省。牧区依赖草原而存在,不同草原类型影响了不同牧区的发展形式。

### 1.2.2　草原

我国是世界上草地资源最丰富的国家之一,草原总面积近 4 亿公顷,占国土面积的 40%,是现有耕地面积的三倍。我国草原类型多样,按照自然地理和行政区,可以划分为五大区,即东北草原区、蒙宁甘草原区、新疆草原区、青藏草原区和南方草山草坡区;按地域植被特征,可以概括为草甸类、草原类、荒漠类、灌草丛类和沼泽类;按照中国草地资源调查的分类原则,可划分为 18 个大类,其中高寒草甸类、温性荒漠类和高寒草原类面积最大（韩俊，2009）。

## 1.2.3　牧区乡村

乡村，也称"农村"，是区别于城镇的一类居民点总称，居民以农业为经济活动的基本内容，村落是村民的生活场所和生产活动基地，一般没有服务职能，或只在中心村落有日常生活需要的低等级服务，即最低等级的中心地职能（袁世全，1990）。

不同于城市和小城镇，乡村是以从事农业生产（农、林、牧、副、渔）为主的劳动者聚居地，泛指城市和原始无人聚居地以外的一切地域，特指城市（包括市和镇）建成区以外的地区。相比城市地区，乡村地区的人居环境与自然环境充分结合、经济生产主要以农业为主、人口规模相对较小、设施构成和组织架构也较为单一。按经济生产类型，乡村可分为农区乡村、牧区乡村、渔区渔村等。其中"行政村""自然村""中心村""基层村"等是乡村聚落不同的组织形式。

牧区乡村（或牧区村落、牧区村庄、草原聚落等）是指分布于草原牧区，以从事畜牧业生产为主的劳动者聚居地。多民族文化传统、畜牧业独特的生产方式以及草原生态环境是牧区乡村区别于其他类型乡村的最大特征。在我国，广泛意义上的牧区乡村除了生产方式为纯牧业，由游牧部落转化而来的村落外，还包括既从事畜牧业又兼顾农业的"半农半牧村"。

本书所研究的牧区乡村主要指区位上属于牧区，产业上以畜牧业为主导，游牧文化和传统习俗保存相对完整的牧民生产生活聚居区，不包括"半农半牧村"，也不包括牧区的城市、县城和集镇等。

## 1.2.4　人居环境

吴良镛（1996）在总结 1950 年代希腊学者道克迪亚斯（C.A.Doxiadis）创立的人居环境科学（Science of Human Settlement）时，将人居环境定义为"是人类聚居生活的地方，是与人类生存活动密切相关的地表空间，它是人类在大自然中赖以生存的基地，是人类利用自然、改造自然的主要场所"，由此开创了我国的人居环境学研究。

在此基础上,对人居环境的定义进一步深入。宁越敏和查志强(1999)将城市人居环境分为人居硬环境和人居软环境。人居硬环境即人居物质环境,是指一切服务于城市居民并为居民所利用,以居民行为活动为载体的各种物质设施的总和。它是一切有形环境的总和,是自然要素、人文要素和空间要素的统一体,由各种实体和空间构成。人居软环境即人居社会环境,指的是居民在利用和发挥硬环境系统功能中形成的一切非物质形态事物的总和。它更多地涉及社会学、心理学及行为科学的研究内容。

城市人居环境的分类,对于农村或乡村人居环境的定义有借鉴作用。彭震伟和陆嘉(2009)把人居环境分为城镇人居环境和乡村人居环境,其中乡村又包括了集镇和农村。并提出,乡村人居环境是由乡村社会环境、自然环境和人工环境共同组成的,是对乡村的生态、环境、社会等各方面的综合反映。

李伯华和曾菊新(2009)提出,乡村人居环境是一个动态的复杂巨系统,包含三个要素集合:自然生态环境、社会文化环境和地域空间环境。自然生态环境提供了人类发展所需的自然条件和自然资源,为乡村人居环境构建了一个可生存的、可持续的物质基础平台;传统习俗、制度文化、价值观念和行为方式将特质相同的农户置身于一个共同的社会文化背景之下,逐渐形成了一个具有地域性、共识性的文化传统区,构成了乡村人居环境的社会文化环境;农户生产生活活动总是在一定的地表空间进行,这种地表空间不是虚构的,而是与农户生产生活密切相关的、实实在在的地理空间。

本书所述的牧区乡村人居环境,主要指围绕牧民居住和劳作展开的生活、生产和生态空间。本书除了政府文件等特定用语称"农村牧区"以及政府文件中泛指的"农村"以外,统称"牧区乡村"或"乡村"。

## 1.3　牧区乡村建设发展概述

我国牧区乡村因其地理环境、自然条件、民族传统等因素,有着鲜明的特点,与农区乡村有着较大区别。根据畜牧业的生产条件和生产特点,可将我国牧区划分为草原牧区、荒漠牧区、高寒草甸牧区和高寒草原牧区四大类型(陈玉福等,

2005)。不同牧区草场质量、气候条件、民族文化的不同,导致了各牧区乡村发展状态、畜牧产业发展水平存在差异。总体来说,相较于农区乡村,我国牧区乡村无论在经济发展还是物质建设方面都相对落后,影响了牧区乡村的发展和建设。牧区乡村人居环境建设的影响因素较为复杂,提升牧区人居环境需要循序渐进,现实困难较大。

## 1.3.1 牧民居住

牧民的生活方式与畜牧产业发展有着极大的关联。"择水草而居,居住分散"是传统草原聚落的特色,因此在村落集聚方式上呈现出离散型特征,这是牧区乡村与农区乡村在居住形态上的最大差别。随着社会发展和工业化进程的不断推进,为了缓解牧区乡村发展滞后、人居环境较差的问题,满足草场生态保护的实际需求,政府出台了各项政策措施,意图逐步引导牧民从游牧向定居转变,希望以定居的方式改善牧区乡村的生活条件。

周毛卡(2019)总结我国牧区的定居模式经历了从传统冬季定居点、人民公社时期的定居点,到改革开放后的定居点的演变过程,其中"草场承包"政策对牧民的影响最深,直接改变了牧民传统的游牧方式,成为牧民定居的前提。高永久和邓艾(2007)在对甘南牧区的研究中指出,甘南牧区的牧民居住生活模式大体上依次经历了四个阶段:部落游牧阶段、村落集中定居阶段、牧场分散游牧阶段,以及目前正在逐步进入的城镇化集中定居阶段。1986年新疆维吾尔自治区政府提出草原畜牧业必须走定居发展的道路,2009年开始推行实施游牧民定居工程,把实现牧民定居作为改变传统草原畜牧业生产方式的突破口。定居不是定居定牧,不是放弃对天然草地的利用,而是对草地资源的优化利用(吐尔逊娜依·热依木等,2005)。

随着牧区发展政策的变化,牧区定居模式受到外部政策的影响,逐渐趋于三种主要模式:草场定居、半草场定居与城镇定居。同时,对牧区牧民定居模式的研究也在不断展开。

崔延虎(2002)在对新疆草原地区游牧民的居住研究中表明,新疆游牧民定居方式主要有完全定居、半定居及整体定居。在此基础上,吐尔逊伊娜依·热依木等(2005)进一步对新疆牧区进行研究,归纳出新疆牧区牧民的定居方式有初级定居模式、半定居模式及插花定居模式(生态移民)三种主要类型。李晓萍(2015)在对新疆牧区乡村人居环境的研究中总结提出,新疆牧民以集中定居模式为主,集中居民点由政府统一进行规划设计,同时采取政府补助和牧民自筹相结合的方式进行建设。王娟娟(2011)在对甘肃牧区牧民定居进行研究之后,提出定居模式主要有完全定居、半定居及混合定居三种。同样,贺卫光(2003)也把甘南藏区定居模式分为三种:城镇定居、乡村定居和牧场分散定居。陈玮和马占彪(2008)把青海藏区建设社会主义新农村新牧区的基本模式归类为:资源型新农村新牧区、工业型新农村新牧区、生态型新农村新牧区、城镇型新农村新牧区等。同样,内蒙古也有许多因草场退化严重、人均草场少而进行整村生态移民的例子(包智明和孟琳琳,2005)。

研究表明,定居确实在一定程度上改善了牧民的生活条件,提高了牧民的生活水平,同时也给游牧社会造成了日益显著的影响,不仅表现在生态环境方面,而且对新时代从事的游牧生计方式、生活方式及思想观念等方面产生了重要影响(麻国庆,2018)。雷振扬(2011)在对新疆两个牧民定居点进行调查之后认为,定居使牧民生活发生了根本性转变,使牧民开始享受现代文明成果,精神生活更加丰富;牧民的抗风险能力提高;推动牧民向二三产业转移,促进农村公共服务体系建设。并且,定居工程实现了牧民一定程度的聚居,改善了草原生态环境,促进了草原可持续发展。范明明(2019)在研究新疆精河县的游牧民定居工程后得出,"成功"的定居点能大幅度提高牧民的生活水平,且降低对天然草场的利用;然而定居后村庄的发展程度与村庄外更大尺度的资源输入多少有着直接的联系,因此对"成功"模式仍须十分谨慎。

定居已成为我国牧区乡村发展的普遍模式,从文献研究来看,各方学者在对牧区牧民定居模式的研究中逐渐形成基本共识,即定居是实现牧区乡村由传统畜牧业向现代化转变的首要环节,也是提升牧民生活水平、提高牧民生活质量的重要方式(张振华、姜杰,2015)。尽管牧民定居政策已经全面铺开,但牧区牧民集中居住程度仍然非常低。随着牧区经济社会的发展与国家政策引导的有效实施,牧民思想意识开始转变,定居模式逐渐被接受,但定居工程在实践过程及后续维护方面仍然存在较多问题。

定居房屋建设资金发放及分配不到位,传统畜牧业经营模式受到冲击是主要原因。雷振扬(2011)在对新疆牧区的研究中提出,新疆牧区建设居民点过程中存在的主要问题是:建设资金不足、牧民自筹资金压力大;草料地不够,冷季舍饲饲料问题不能解决,舍饲圈养成为一句空话;传统生产方式转变有难度;定居点住房建设缺乏民族特色;等等。此外,定居后缺乏对牧民的技术培训和产业扶持,加大了牧民定居后生活和就业的难度,进一步影响了新疆游牧民定居工程的推进(郭飞、戴俊生,2018)。

定居后,如何引导牧民实现就业转型和适应现代化生活,成为推动定居工作中的一项难题。姜冬梅等(2011)以塞展(Michael M. Cernea)的贫困风险理论为基础,对草原牧区生态移民的贫困风险进行了分析,结果表明:移民搬迁后,牧民的生产性投资及经济压力增大,再加上收入的明显减少,其收入总体上呈下降趋势,且容易陷入贫困的恶性循环。同时,崔延虎(2002)提出,游牧民定居后,新的劳动方式及社会分工使得牧民面临着"再社会化"问题,而"再社会化"实现的程度则影响着他们定居后的发展。谢大伟(2018)基于对新疆定居点的考察得出,由于定居点缺乏相应的产业配套,定居后的牧民仍无法获得新的就业机会,与此同时定居后的生活成本大幅度增加,但家庭收入并没有得到相应提升,定居反而加重了牧民的经济负担,继而出现了"定不住"的问题。

在物质建设方面,公共服务配置与基础设施配建不足是影响牧区乡村居民生活品质的最突出问题。高永久和邓艾(2007)对甘南藏族牧区的调研证实,虽然大部分牧民拥有固定的冬春季定居点和房屋(即实现了定居),但由于居住地点分散、位置偏僻、远离公路和城镇,因而并未从根本上解决"上学难、就医难、用电难、出行难"的问题。同时,王冲等(2011)对川甘青8县牧民的调查表明,虽然国家相关项目的实施在一定程度上改善了牧民的居住条件,但覆盖面和受益面有限,多数牧民的居住条件仍然较差。其中,饮用水源安全得不到保障,医疗条件差、医疗费及相关的支出大,基础设施薄弱等问题急需得到解决。陈玮和马占彪(2008)对青海藏族牧区的调查也显示,青南地区50%的牧户还未实现草原"四配套"①基础设施建设:黄南藏族自治州256个村中有44%的村不通电,50%的

---

① 即每户建空居房1处,草地围栏16.67公顷,暖棚60平方米,人工种草0.33公顷。

村尚未通路,看病难、因病致贫的现象突出,基础设施及公共服务设施建设滞后已成为制约藏族牧区经济社会全面发展的瓶颈。栗林、辛庆强与吉鹏华(2014)从水资源约束及水利设施建设、土地利用、粮食生产、农牧业结构调整、农民收入增加、科技支撑、农畜产品加工、现代农牧业发展需求及城镇化建设等方面剖析了内蒙古牧区的发展困境。李晓萍(2015)提出,新疆定居点存在建设规划设计不完善、缺乏具体的建设标准,定居点基础设施建设滞后,定居点人居环境状况较为恶劣,牧民定居点建设资金缺口大,牧民定居意愿不强等问题。韩柱(2015)提出,内蒙古牧区近年来工业化、城镇化发展较快,但牧区牧民的社保、医疗、教育等事业发展缓慢,基础设施建设、信息化设备投入成本较高,交通运输、邮电通信、水电设备建设滞后,工业化、城镇化、信息化和畜牧业现代化推动受到较大阻碍。马晓昀(2019)指出,目前内蒙古牧区仍有50%以上的行政村的生活垃圾没有得到收集处理,无害化卫生厕所普及率不足10%,80%的村庄生活污水未得到处理。个别地区缺水严重,而受制于地广人稀的现实,客观上不适宜铺设污水管网集中处理,存在垃圾处理运输远,水冲厕所建设难度大,污水处理效率低、运行成本高等问题。

总体来看,我国牧区乡村牧民散居或定居模式的利弊并存,仍需要在多个方面进行定居政策的系统性优化。

## 1.3.2　畜牧业生产

畜牧业是牧区乡村的主要产业。传统畜牧业有三个特性。①游移性:游牧民族传统生产生活方式最基本的特点是逐水草而居,其实质是凭借天然牧场饲料资源进行畜群生产和再生产;②单一性:在游牧社会中,牲畜成为生产、交换、分配和消费各个环节中唯一的中心,畜牧业成为游牧民族经济生活的主体;③脆弱性:在游牧经济中,畜牧业是游牧经济的主体,其特点之一是财富积累方面的"不稳定性",这是游牧经济与农业经济的重要区别之一(阿德力汗·叶斯汗,2003)。

王关区(2010)、乌日陶克套胡和王瑞军(2012)等学者对内蒙古牧区的研究表明,虽然现阶段内蒙古畜牧业经营方式逐渐从游牧转向定牧,但是畜牧业仍然处于以传统畜牧业为主的格局之中，经营组织模式基本上以牧户为基本经济单元，即以家庭为单位的小规模经营。根据田永明（2011）的调查可知，内蒙古牧区家庭经营收入主要从畜牧业中获得。由于定居及草场确权的原因，传统畜牧业中的"游移性"已不复存在，但当下牧区乡村产业发展仍然高度依赖小规模的以家庭牧场为主的畜牧业，"单一性""脆弱性"依旧是牧区畜牧业的普遍特性。

也有学者认为，传统游牧业的内涵思想与经验积累有助于畜牧业的发展以及草场的保护。米勒（Miller，2001）在对西藏牧区进行研究后提出，虽然藏族牧民及中国其他的游牧民族由于自然条件的局限、缺乏适当的教育，但他们仍应当被称为畜牧业的"专业"人士，传统的牧场生产方式经过长期的考验，很多是当地牧民在保护草原生态的自然发展过程中形成的，实践证明是行之有效的。丁恒杰和绽永芳（2011）认为，在青藏高原牧区，游牧的生产方式是千百年来牧民群众的伟大创造，是最能充分利用草甸草场、最符合当地牲畜行为规律的方式。

传统畜牧业发展与现代规模化牧场生产方式之间存在矛盾，现代牧场发展遇到较多阻力。其中，陈玉福等（2005）认为，目前我国草地生产力远远落后于发达国家，草原牧区的突出问题是草地生产潜力尚未挖掘和草地严重退化。畜牧业经营粗放，发展后劲不足，是我国"三牧"最突出的问题之一。马林和张扬（2013）认为，粗放型生产方式会对现代畜牧业发展造成三方面的不利影响：牲畜品质下降，单位牲畜给牧民带来的收益降低；不利于合理利用草原和提高草原利用效率；易造成草原退化、沙化和荒漠化，形成"饲养量增加→草场退化→收入降低"的恶性循环，无法支持牧区经济社会的发展。王关区（2010）提出，现实的草原畜牧业在一定程度上打乱了传统的被证明合理有效的组合模式，难以形成理想的畜种结构，使得草原畜牧业经济增长方式由粗放型向集约型转变滞缓。并且，户营经济的小生产与不断发育的社会大市场之间的矛盾加剧，使牧户难以达到经营规模化、专业化、组织化、制度化的要求。康磊和佟成元（2019）对内蒙古农牧业的研究提出，由于一二三产业各环节之间出现脱节，农牧业一直存在基础设施薄弱、农畜产品加工效益不足、科技支撑力缺乏等问题，且一直面临着效益不高、竞争力不强的困境，这不仅增加了农畜产品的生产成本，而且还严重限制了农牧业经济的发展。

我国大部分牧区的牧民收入主要源于畜牧业，结构单一，生产、生活成本高于农区,因此牧区乡村牧民的可支配收入相对较低。马林和张扬(2013)的研究表明,牧区是我国贫困人口的集中区,2009 年牧区农牧民人均收入 4 411 元,仅是全国农民人均收入的 85.6% 和全国城乡居民人均收入的 41.0%。2018 年四大牧区省(自治区)内蒙古、西藏、青海、新疆的农民人均可支配收入分别为 13 802 元、11 450 元、10 393 元和 11 975 元,分别是全国农村居民人均可支配收入平均水平的 94%、78%、71% 和 82%。

有学者认为,定居定牧基础上的粗放型家庭小牧场模式,一定程度上造成了草原上超载过牧的现象。刘建利(2008)认为,定居定牧后小片草场的放养严重破坏了草原生态环境,并进一步导致了草原产出的下降以及牧户之间贫富差异的加剧。马林和张扬(2013)认为,在草原面积限制下,逐年增长的人口与畜牧业生产方式转变之间存在矛盾:牧业人口过多给草原带来了沉重压力,阻碍了对草原的合理利用,"人口增加—家畜超载—草原破坏"是当前牧区乡村的突出问题。宋志娇(2015)认为,定居定牧之后,在有限的草场面积下,要增加出栏数量,必须增加基础母畜和存栏数量,势必造成草场超载和过度放牧。但达林太和郑易生(2012)认为,造成过牧的原因较为复杂、每个牧区的情况不一,需要严格限定过牧的标准才能有效指导政策的制定与落实。

因此,部分牧区已经开始尝试通过建设生态畜牧业体系来保障牧民经济稳定发展。何在中等(2015)在对青海省生态畜牧业发展与成效的实证分析中提出,生态畜牧业模式有利于从根本上解决畜牧业发展过程中经济功能、社会功能和生态功能难以兼顾的问题,关系到青藏高原地区乃至全国的畜牧业可持续发展、边疆稳定和生态保护大局。

类似于青海省的生态畜牧业发展成功案例并不普遍,制约牧民增收还存在诸多因素。双喜(2009)指出,内蒙古农村收入低的关键在于农牧民经营观念没有改变,还停留在"靠天种地、广种薄收、粗放养畜"的阶段;地区储蓄额低,乡村牧区的开发资金短缺;牧区乡村的基层组织(行政村)缺乏人才,进而缺乏开发、发展规划;牧区乡村社会安全保障体系不健全;技术普及和乡村牧区劳动力培训体系不健全。畜牧业生产模式转型的困境、畜牧业生产与草原生态保护之间的矛盾、牧民收入单一且不受保障,是牧区乡村产业发展遇到的最大困难。

近年来,越来越多的农区农户通过土地流转或股份合作,逐步走上规模化、机械化、集约化的发展路径。受此影响,以城市化和工业化为特征的机械化牧业合作社、草业协会、公羊协会等现代化畜牧业生产方式,在牧区乡村也正逐步开展实践。杨春雷(2020)研究了甘肃省玛曲县的草地股份集体合作经营模式,将集体草场按户股份化,然后合股实行统一管理,牧户按其占股投放牲畜,较为创新地解决了家庭承包制所面临的限制和矛盾。杨奎花等(2015)认为,草原畜牧业转型的关键点之一是经营模式的转变:由一家一户分散的小规模经营向规模化的联户经营、家庭牧场、合作社、"公司 + 合作组织 + 基地 + 养殖户"等经营模式转变。张亚茜(2019)基于对内蒙古牧民合作社发展现状的研究指出,在当前大力推进建设农牧民专业合作社的过程中,内蒙古的牧民合作社数量增加建设成效显著,但仍存在合作社规模小、科技成果运用难、创办目的不明确、缺乏资金支持、内部运行不规范、缺乏专业人才等问题,仍需在合作社的专业性、内部组织管理等方面加强政策供给。

### 1.3.3 草原生态

草原资源既是经济资源,也是生态资源,草原生态系统是我国重要的生态屏障,随着现代化、城镇化水平的提高,受到自然的、人为的、历史的、现实的种种因素影响,草场退化及沙化现象日趋加剧,草原生态遭受巨大破坏,生态防护功能和经济产出能力大幅下降。

新中国成立以来,牧区生态环境建设走了不少弯路。1980 年代我国草原退化面积已达到总量的 40%,其中占内蒙古自治区天然草地 1/3 面积的典型草原类草地退化比例更大;直到 1990 年代,草场退化仍在继续(陈玉福等,2005)。实际上进入 21 世纪以前,我国 90% 的天然草原不同程度地退化,其中严重退化的草原近 1.8 亿公顷,全国退化草原的面积以每年 200 万公顷的速度扩张,天然草原面积每年减少约 6 570 万公顷(张志民等,2007)。以内蒙古为例,2000 年以前草原退化沙化面积以每年 1 000 多万亩的速度蔓延,草原退化率由 1960 年代的18% 发展到 1980 年代的 39%,到 2000 年年初已达到 73.5%(田永明,2011)。内蒙古草地大面积退化的主要原因有:人地草畜矛盾突出、过分重视牲畜数量的增长而忽视了牲畜的质量和草场的建设、草原被严重透支、草原管理不合理等(张新时等,2016)。

草原经济发展的过程中,2000 年以前国家对草场建设和设施的投资存在历史欠账。据吕晓英和吕胜利(2003)统计,1978—1999 年国家投入草地建设的资金累计 21 亿元,平均每年每公顷草地投入 0.30 元。1990—1997 年中央和省、地直接投资甘南牧区草地建设资金约 1 069 万元,每亩草地平均每年投资不到 0.04 元。青海省"九五"期间平均每亩草地国家和州县投入资金 0.15 元。据四川省资料,1975 年投资甘孜、阿坝草地建设资金平均每亩不到 0.002 元;2000 年国家和地方平均每亩草地投入 0.05 元,仅占当年每亩森林投资 1%,占每亩耕地投资的 1.9%。投入与产出极不平衡,草地生态环境继续恶化,草地畜牧业的可持续发展受到严重威胁。

进入 21 世纪,国家对草原生态保护逐渐重视起来,陆续出台了各项禁牧限牧、草原补偿等政策机制,但初期因政策本身的设计缺陷,对草原生态环境改善的作用有限,且一定程度上限制了牧区的发展。段庆伟等(2012)认为,我国的许多管理是以中央政府制定重大决策,地方因地制宜,制定相应的地方性行政法规为主,地方上制定管理措施灵活性大,在利益驱使下制定的政策不利于草原的永续发展。尹月香(2013)认为,我国的生态立法落后于生态保护和建设的实践,在处理各类生态问题时缺乏有效的制度支持和筹资机制,使得草原生态补偿存在资金投入不足等问题,没有明确相关责任主体导致"政出多门",一定程度上造成环境管理的混乱和困难。曹叶军等(2010)认为,我国生态补偿机制缺乏整体和长远规划,理论研究滞后于实践,政策执行的行动力不足,因此导致了政策制定的短视性、实施措施的盲目性、补偿标准的随意性以及保护效果的反复性等问题。

2011 年我国开始实施草原生态补偿奖励机制,作为重要的国家生态补偿机制之一,其首要目标是希望通过禁牧和草畜平衡等具体政策措施有效引导牧户减畜行为,维持草原生态系统的平衡。王海春等(2017)对内蒙古 260 户牧户的调查表明,草原生态补奖机制对牧户减畜行为起到了一定的激励作用,尤其对人均草场面积小于 500 亩的牧户有显著正向影响,但与实现完全禁牧或草畜平衡的目标仍存在一定差距。陈永泉等(2013)提出,虽然国家草原生态保护补奖机制工作在内蒙古取得了较好的成绩,但草原生态总体恶化的趋势尚未从根本上遏制,草原畜牧业粗放型增长方式难以为继,牧区乡村基础设施建设和社会事业发展欠账较多的现实在短时间内还难以改变。包晓斌(2015)提出,内蒙古生态补偿标准未按不同类型草原、不同退化程度草原制定;按照草原面积和牧民人口进行补偿的效果不能反映实际补偿需求,并且草原补偿标准较低,没有区分草原生态补偿与生产生活补贴。草原生态补偿缺乏专门的法律依据和监管体系,草原生态保护投入不足,草原生态服务定价机制不完善等都是内蒙古草原生态补偿机制存在的问题,在第二轮的政策实施中,应继续推行并完善草原补奖政策的补奖方式,提高政策目标的瞄准性(丁文强等,2019)。王丹等(2018)对青海省牧户的研究表明,该项政策促进了农区半牧区中小户的劳动力转移与草场流转,但抑制了牧区大户的畜牧业生产积极性。冯晓龙等(2019)基于对甘肃和内蒙古两地牧户的实地调查提出,建议政府优化草原生态补奖资金的发放方式,加强政府对牧户减畜的监管力度,同时发挥社会资本在草原生态补奖政策执行过程中的作用。

近年来,国家和牧区相关各省和自治区政府愈加重视草原生态环境建设,大力投资草原生态修复,取得了明显成效。以内蒙古为例,2017年内蒙古自治区草原清查数据显示,草原面积为11.4亿亩。2000年以来陆续实施了退牧还草、京津风沙源治理、退耕还林还草等重大草原生态保护建设工程,草原生物灾害防治投入逐年增加,2000—2018年,共计投入草原生态保护建设资金92亿元(不包括草原补奖资金),完成草原治理面积32 798万亩,累计完成草原生物灾害防治2.6亿亩,每年每公顷草地的资金投入额达到了6.73元。草原补奖政策稳步实施,4.04亿亩草原落实了禁牧政策,6.16亿亩草原推行了草畜平衡制度。全区草原植被盖度连续三年保持在44%左右,草原生态退化趋势得到遏制,草原生态持续向好,但部分地区受极端气候影响,退化沙化形势依然严峻。

## 1.3.4 研究评述

综上所述,各界学者从各个方面对牧区发展问题提供了不同的调研案例,也提出了相应的见解与思路。总体来说,我国牧区乡村发展滞后于农区乡村,牧区乡村在物质环境建设、经济产业发展以及生态资源保护等方面都存在较多困扰。

虽然国家的相关政策在不断努力改善牧区乡村的发展面貌,但相应实施机制的不完善以及决策者对牧区认知的缺乏,导致了政策的落实缺乏适应性与持久性,因此我国牧区乡村的发展和人居环境建设仍处在总体落后、不断摸索、曲折前进的阶段。

从文献整理可以看出,现有的研究多数着眼于牧区的牧民定居、畜牧业发展、草原生态破坏等问题,缺乏对于牧区乡村人居环境建设方面有针对性的探究。既有研究以期刊论文为主,缺乏系统的著作研究。因此,本书结合一定数量的牧区乡村田野调查,希望能够从牧区乡村整体建设发展的视角探析我国牧区乡村人居环境的基本特征,认识其面临的现实困境,并尝试提出相应的提升改善策略。

## 1.4　研究方法

### 1.4.1　案例选择

由于我国牧区乡村类型多样、分布区域跨度大、差异大,为了比较全面地了解牧区乡村的现实情况,我们选取了牧区类型多样且典型的内蒙古自治区与青海省作为主要研究对象,调研选择的牧区乡村主要为高寒草原牧区乡村、温性草原牧区乡村及温性荒漠牧区乡村;所涉及少数民族主要为蒙古族和藏族。调研对象的空间分布见表1-1。本书所使用的案例,除阿拉善盟的乡村的调研成果有课题组团队其余成员协助外,其余均为作者踏勘调研。

### 1.4.2　田野调查

本书以田野调查为基础研究方法,辅以文献、统计数据和政策文件等。田野调查方法与传统问卷发放模式有较大区别。由于调研对象基本是偏远地区的牧区居民,考虑到多数牧民的文化水平偏低,为了确保第一手资料的真实准确性,本次研究以访谈为主,辅以问卷调查;且问卷的样本选择有一定针对性,不是通过简单的"大量发放问卷、村民填写、统一回收"的方式,而是由当地政府派出相关人员带领调研人员对村民进行访谈,逐一向村民询问问卷内容,同时记录村民在访谈过程中所述的相关内容。每一份问卷都经过调研人员之手,如果遇上语言不通的地区,则由当地陪同人员进行翻译,确保沟通的准确顺畅。调研共计访谈了 21 个牧区村,完成了 93 份问卷,问卷信息涉及 367 人。调研案例详见表 1-1。

表 1-1  调研案例情况

| 省、自治区 | 自治州、盟 | 县(开发区) | 乡、镇 | 村 |
| --- | --- | --- | --- | --- |
| 青海 | 海南藏族自治州 | 同德县 | 尕巴松多镇 | 科日干村 |
| | | | | 德什端村 |
| | | | | 贡麻村 |
| | 黄南藏族自治州 | 泽库县 | 王家乡 | 叶金木村 |
| | | | 宁秀乡 | 赛龙村 |
| | | | 和日乡 | 和日村 |
| | | 河南蒙古族自治县 | 优干宁镇 | 阿木乎村 |
| | | | 托叶玛乡 | 宁赛村 |
| | | | 赛尔龙乡 | 尕庆村 |
| 内蒙古 | 锡林郭勒盟 | 东乌珠穆沁旗 | 呼热图淖尔苏木 | 呼牧勒敖包嘎查 |
| | | | | 查干淖尔嘎查 |
| | | | | 巴彦淖尔嘎查 |
| | | 正镶白旗 | 乌兰察布苏木 | 沙日盖嘎查 |
| | | | | 翁贡嘎查 |
| | | | 伊和淖尔苏木 | 宝日温都尔嘎查 |
| | | 镶黄旗 | 宝格达音高勒苏木 | 塔里宝尔嘎查 |
| | 阿拉善盟 | 阿拉善左旗 | 巴润别立镇 | 上海嘎查 |
| | | | | 图日根嘎查 |
| | | 腾格里经济技术开发区 | 嘉尔嘎勒赛汉镇 | 阿敦高勒 |
| | | | | 查汉鄂木 |
| | | | 腾格里额里斯镇 | 乌兰哈达 |

除了问卷调研与现场踏勘之外,我们还访问了当地村、镇、县以及省政府相关部门,不仅从村民的角度自下而上地了解基层发展的现实问题,同时也保证了从政府决策者的视角,自上而下地全面观察乡村发展情况。

调研分三次进行,第一次是 2015 年 9 月青海调研 1 周;第二次是 2015 年 11 月内蒙古调研 1 周;第三次是 2016 年 9 月的补充调研,(合作)作者又亲赴内蒙古牧区生活了 2 周,再次带着问题访问了当地牧民和村干部等。

本书除标注外,少量冬季照片由内蒙古工业大学的同学提供,其余照片均为作者拍摄,全部图表为作者绘制。本书的数据除了特别说明之外,均基于 2015 年的全国 480 村调查以及 2016 年 9 月的牧区乡村补充调研。田野数据均来自牧区乡村调研和全国 480 村调研数据。

# 1.5　本书结构

第 1 章主要介绍了本书的研究背景、研究方法、案例选择以及牧区乡村的基本情况。通过文献综述的方式,从牧区乡村居住模式、畜牧业生产方式、草原生态环境三个方面总结了 2000 年以来不同历史阶段关于牧区乡村的建设发展概况。

第 2 章从政策视角系统梳理了我国牧区乡村发展的历史阶段和牧区生产经营体制的演变过程,并比较了各牧区省份不同政策与实施机制的差异性,及其对牧区发展的影响。

第 3 章结合田野调查从居住模式、生活特征、草原游牧文化、牧区定居点与设施建设方面介绍了牧区乡村的生活环境。

第 4 章聚焦于畜牧业和家庭小牧场的经营模式,阐述了其发展历程和利弊,并指出牧民的收入和就业难题。

第 5 章从气候与生态系统方面阐述了草原乡村的生态环境特征,指出草原生态保护面临的压力。

第 6 章从自然条件、草原游牧文化、政府政策、牧民选择及其交互作用方面阐述了牧区乡村人居环境建设的困境。

第 7 章结合国际经验,对我国牧区乡村人居环境建设提出若干建议。

# 2 牧区政策及牧业生产经营体制演变

## 2.1 国家相关政策演进

对于发展牧区经济、改善牧区乡村人居环境、保障牧民生产生活基本需求以及草原生态的可持续发展等问题,国务院和相关部门出台了一系列的政策指导意见(表 2-1)。从文件的主要指导方向可以看出,国家对于牧区发展的思路可以大致分为四个阶段。第一阶段是 1980 年代,主要工作在于草场权属确定。其中1982—1986 年五年时间内连续出台的五个"一号文件",均是关于"三农"问题,同时也包含了对牧区发展的相关指导意见。第二阶段是 1990 年代,国家层面较少发布直接的相关政策,牧区发展处于比较自由的阶段,也正是由于缺少实时性管控,牧区的发展出现了诸多问题。第三阶段是 2000—2007 年,主要工作在于指导畜牧业转型发展。第四阶段是 2008 年至今,重点是草原生态保护和人居环境建设。

表 2-1　1982—2020 年国家颁布涉及牧区发展的相关政策指导意见汇总

| 发布年份 | 文件名称 | 重点工作 | 涉及牧区内容 |
|---|---|---|---|
| 1982 | 《全国农村工作会议纪要》 | "三农"问题 | 牧区要在切实调查的基础上,明确划分草原权属,更好地保护和建设草原 |
| 1983 | 《当前农村经济政策的若干问题》 | "三农"问题 | 对牧区,应周密调查研究,完善生产、流通等各项经济政策 |
| 1984 | 《中共中央关于一九八四年农村工作的通知》 | "三农"问题 | 牧区在落实畜群责任制的同时,应确定草场使用权,实行草场使用管理责任制 |
| 1985 | 《中共中央、国务院关于进一步活跃农村经济的十项政策》 | 农村经济发展 | 在发展畜牧、水产业中,要特别注意扶持养殖专业户、专业村 |
| 1986 | 《关于一九八六年农村工作的部署》 | 农村经济发展 | 为扶持畜牧业的发展,应加强草场的建设;牧区畜牧产品要坚持放开 |
| 1985 | 《草原法》 | 草原建设 | 规定了草原使用、草场权属划分的问题 |
| 1987 | 《国务院批转全国牧区工作会议纪要的通知》 | 牧区经济发展 | 针对畜牧业发展、草场管理保护等十个方面提出要求 |

（续表）

| 发布年份 | 文件名称 | 重点工作 | 涉及牧区内容 |
|---|---|---|---|
| 1990 | 《国务院办公厅转发农业部等部门关于中国北方草原与畜牧发展项目执行结果报告的通知》 | 草原建设 | 对"中国北方草原与畜牧发展项目"进行总结，以此项目为开端，加强北方草原地区建设 |
| 1993 | 《国务院办公厅关于羊毛产销和质量等问题的函》 | 牧区经济发展 | 在牧区建立羊毛综合示范基地；加强羊毛的质量监督和检验工作；鼓励毛纺企业优先使用国产毛 |
| 1999 | 《国务院办公厅关于印发全国土地利用总体规划纲要的通知》 | 土地利用规划 | 加快重点牧区建设，加快"三北"地区"三化"草地的治理 |
| 2001 | 《国务院办公厅转发农业部关于加快畜牧业发展意见的通知》 | 畜牧业发展 | 优化畜牧业结构，突出肉牛、肉羊、奶牛等品种发展；保护草场生态资源 |
| 2002 | 《国务院关于深化改革加快发展民族教育的决定》 | 民族地区教育质量提升 | |
| 2004 | 《中共中央　国务院关于促进农民增加收入若干政策的意见》 | 农村经济发展 | 推进农业现代化发展、提出发展小城镇策略、确保农民收入 |
| 2005 | 《国务院关于进一步加强防沙治沙工作的决定》 | 生态环境保护 | 实行以草定畜、草畜平衡制度，严格控制载畜量；鼓励和引导农牧民发展饲草饲料生产；推行草原划区轮牧、季节性休牧和围封禁牧制度 |
| 2005 | 《中共中央　国务院关于进一步加强农村工作提高农业综合生产能力若干政策的意见》 | 农村经济发展 | 在牧区开展取消牧业税试点；进一步加强草原建设和保护，加快实施退牧还草工程；加快发展畜牧业 |
| 2006 | 《中共中央　国务院关于推进社会主义新农村建设的若干意见》 | 新农村建设 | 明确牧区乡村基本经营制度为以家庭承包经营为基础，统分结合的双层经营体制 |
| 2007 | 《国务院关于促进畜牧业持续健康发展的意见》 | 畜牧业发展 | 发展特色畜牧业，加快畜牧业结构调整，全面推进草畜平衡 |
| 2007 | 《中共中央　国务院关于积极发展现代农业扎实推进社会主义新农村建设的若干意见》 | 现代农业发展与新农村建设 | 全面推进现代农业发展；牧区乡村要积极推广舍饲半舍饲养 |
| 2007 | 《国务院办公厅关于印发少数民族事业"十一五"规划的通知》 | 少数民族地区农村发展 | 大力推进社会主义新农村、新牧区建设，提高基础设施建设水平 |
| 2008 | 《中共中央　国务院关于切实加强农业基础建设进一步促进农业发展农民增收的若干意见》 | 农村建设与经济发展 | 加强生态建设，推进牧区草场、水利等方面的建设水平；继续改善牧区乡村人居环境 |
| 2009 | 《国务院办公厅关于应对国际金融危机保持西部地区经济平稳较快发展的意见》 | 西部地区经济发展 | 完善退牧还草政策，加快实施退牧还草工程；以建促退推动草畜平衡和舍饲圈养 |

(续表)

| 发布年份 | 文件名称 | 重点工作 | 涉及牧区内容 |
|---|---|---|---|
| 2011 | 《国务院关于促进牧区又好又快发展的若干意见》 | 牧区乡村发展 | 加强草原生态保护建设;积极发展现代草原畜牧业;拓宽牧民增收和就业渠道;大力发展公共事业,切实保障和改善民生 |
| 2012 | 《国务院关于印发全国现代农业发展规划(2011—2015年)的通知》 | 农业经济发展 | 加大牧区草原畜牧业生产建设投入,加快草原围栏、棚圈和牧区水利建设,配套发展节水高效灌溉饲草基地 |
| 2012 | 《国务院办公厅关于印发少数民族事业"十二五"规划的通知》 | 少数民族地区农村发展 | 优先安排与农牧区群众生产生活密切相关的基础设施建设 |
| 2013 | 《关于加快发展现代农业进一步增强农村发展活力的若干意见》 | 农村经济发展 | 加快推进牧区草原承包工作,启动牧区草原承包经营权确权登记颁证试点 |
| 2015 | 《国务院办公厅关于加快转变农业发展方式的意见》 | 农业经济发展 | 分区域开展现代草食畜牧业发展试点试验,在种养结构调整、草原承包经营制度完善等方面开展探索 |
| 2016 | 《国务院办公厅关于健全生态保护补偿机制的意见》 | 生态环境保护 | 扩大退牧还草工程实施范围,逐步加大对人工饲草地和牲畜棚圈建设的支持力度,实施新一轮草原生态保护补助奖励政策,根据牧区发展和中央财力状况,合理提高禁牧补助和草畜平衡奖励标准 |
| 2018 | 《中共中央 国务院关于实施乡村振兴战略的意见》 | 乡村全面振兴 | 统筹山水林田湖草系统治理,把山水林田湖草作为一个生命共同体,进行统一保护、统一修复。<br>继续实施草原生态保护补助奖励政策 |
| 2020 | 《中共中央 国务院关于建立国土空间规划体系并监督实施的若干意见》 | 自然资源保护 | 坚持山水林田湖草生命共同体理念,实现全域全要素的自然资源管控 |

资料来源:中华人民共和国中央人民政府网 http://www.gov.cn/zhengce/xxgkzl.htm,2020年5月20日登录;中国网 http://www.china.com.cn/,2020年5月20日登录。

在第一阶段,1982—1984年连续三年的"一号文件"都提出"要明确落实草原权属,明确草原使用权等"。1985年首次出台的《草原法》进一步规定了草原使用、草场权属划分的问题。从历史因素来分析,1978年启动的家庭联产承包责任制改革的成功,极大地增强了人们对于乡村经济发展的信心。因此,在没有经过较为全面的论证与试点的情况下,牧区乡村也逐步开展了草场的"家庭承包责任制"改革。国家试图通过借鉴农区乡村的成功经验,改变因草场权属不明确而导致的"草原无主、放牧无界、牧民无权、侵占无妨、建设无责、破坏无罪"等无序状态。从 1982 年开始,我国各大牧区省(自治区)纷纷响应国家的政策号召,在中央一号文件及各类法律政策的指导下,各自开展草原权属划分以及相关工作;其中,定居定牧成为各大牧区省份普遍采用的一种配合草场承包政策的发展方式。

在第二阶段,1990 年代改革开放势头不断增强,乡镇企业发展、分税制、福利房改革、加入世贸组织等诸多事项是当时的重点工作。针对牧区的相关政策较少,各大牧区乡村仍然继续按照之前颁布的各项政策指导,逐步推进草场权属确定和定居定牧的各项工作。但由于宏观政策的缺失,牧区发展出现了一定偏差,草原环境退化、牧民收入降低等问题逐渐显现。

直到 21 世纪初,"三农"问题得到进一步重视,发展现代农业、减轻农民负担、稳步推进城镇化等内容是这一时期乡村发展面临的主题,国家对于牧区乡村的政策指引进入到第三阶段。加之 1999—2001 年的三年大旱使得牧区畜牧业陷入空前困境,牧区乡村的各方面发展再次得到重视。在这段时间内,牧区乡村、牧区经济发展的指导思想仍以推进草场确权、落实草场生态保护为主。各项政策都明确指出,要进一步推进"以草定牧、草畜平衡",大力完善草场家庭承包责任制;在完善草场承包制度的基础上,继续开展畜牧业的结构性改革,顺应现代农业的脚步发展现代畜牧业(从国家的各项政策指导方向可以看出,这一时期已经开始出现引导牧民城镇化转型的势头)。

第四阶段为 2008 年至今,生态保护和人居环境建设是牧区乡村建设的重点。从 2007 年国家关于少数民族地区"十一五"发展指导意见中提出"大力建设新农村、新牧区"开始,牧区乡村的发展重点由之前的草场确权、畜牧业结构优化向改善乡村人居环境转变,包括牧民房屋改造、推进生活性及生产性设施建设等。这一时期,现代化进程才算真正开始大规模"进入"牧区乡村以及牧民生产生活之中。与此同时,草原生态保护日益受到关注,和牧区畜牧业发展、牧民经济收入水平提升以及牧区乡村建设推进等一同成为牧区发展的核心问题。

2018 年之后,十九大提出"乡村振兴战略",标志着我国乡村建设正式迈入新时期,农业农村的发展正式升级到战略高度。对于牧区乡村而言,牧民生活环境整治提升、畜牧产业现代化转型、草原生态文明建设、乡村管理制度升级成为综合发展的重要导向。新时期国土空间规划提出"山水林田湖草"全域自然要素严格保护的要求,进一步明确了草原生态环境保护与可持续发展的重要性。按照乡村振兴战略提出的"产业兴旺、生态宜居、乡风文明、治理有效、生活富裕"总要求以及国土空间规划严格保护草原资源的要求,牧区乡村人居环境的建设进入了现代化水平综合提升的新阶段。

从宏观政策的演进(图 2-1)可以看出,国家对于发展牧区经济、建设牧区人居环境的思路在与时俱进中转换:由只重视畜牧业转向重视草原的可持续发展,由重经济转为重生态,由抓行业生产转向统筹城乡一体化发展,由重点关注人居建设单个要素转向建立促进城乡融合发展的体制机制和政策体系。

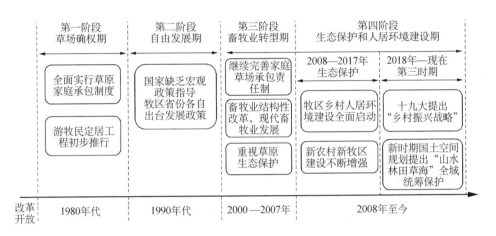

图 2-1 不同阶段国家针对牧区发展政策演变

## 2.2 主要牧区省份的政策演进

国家在不同时期对于牧区发展政策的改变,直接影响了各大牧区省(自治区)的政策调整。通过汇总比较主要牧区省(自治区)在不同阶段所出台的各项政策措施可以发现,在总体发展思路与方向相同的情况下,不同牧区针对自身特点采取了相对差别化的政策落实手段。

表 2-2 主要牧区省(自治区)政策措施演变汇总

| 年份 | 内蒙古 | 青海 | 新疆 | 甘肃 | 西藏 |
|---|---|---|---|---|---|
| 1984 | 草畜双承包责任制;草牧场有偿承包使用制 | | 明确牲畜、草场承包到户 | 强制推行牲畜私有化和草场家庭承包 | 牧区家庭自主经营,包干到户的责任制 |

（续表）

| 年份 | 内蒙古 | 青海 | 新疆 | 甘肃 | 西藏 |
|---|---|---|---|---|---|
| 1986 | 《关于"念草木经,兴畜牧业"的实施方案(试行草案)》 | | 明确牧民定居的方针和政策;逐步建立饲料基地,修建棚圈,创造人工养畜的条件 | 《关于认真落实和完善草场承包责任制的决定》 | 《关于农村牧区若干政策规定》 |
| 1990 | | | | 重新修订颁布《关于认真落实和完善草场承包责任制的决定》 | 坚持家庭经营,实行"五统一" |
| 1996 | "增草增畜,提高质量,提高效益";提出"双权一制" | | 《新疆加快草地综合开发,发展边远牧区经济总体规划》 | | |
| 2001 | 围封禁牧、收缩转移、集约经营 | | | | 西藏草场建设与游牧民定居工程 |
| 2003 | | 实施天然草原退牧还草工程 | | | 《西藏自治区农牧业特色产业发展规划》 |
| 2005 | "双权一制"基本完成;提出提高农牧业综合生产力 | | | | 农牧业特色产业开发 |
| 2008 | "五个巩固、五个提高" | 生态畜牧业建设 | | | |
| 2009 | | 藏区游牧民集中定居点工程 | 游牧民集中定居点工程 | | 藏区游牧民集中定居点工程 |
| 2014 | "十个全覆盖" | | | 进一步加快农民合作社发展 | |
| 2015 | | 社会主义新农村新牧区建设"八项实事工程" | | | |

资料来源:中华人民共和国发展与改革委员会, http://www.sdpc.gov.cn/dffgwdt/201507/t2015072 3_738739.html,2016 年 11 月 10 日登录;宋志娇,2015;赵红羽,2015;唐文武,2008;苏小玲,2013;吐尔逊娜依·热依木,2004。

## 2.2.1　内蒙古自治区

　　1982—1996 年,为响应国家政策,内蒙古自治区实行"草场公有、承包经营、牲畜作价、户有户养"的草畜双承包责任制,并进一步改革深化草牧场有偿承包使用制。在此阶段内,内蒙古自治区的牧区发展重点为"草原确权",通过明确草场边界、明确使用权责来控制牧民对于草场的掠夺式使用,并在此基础上强调退耕还林还草、平衡草畜,保护草原生态。

1996年继续提出"双权一制"制度,即草场所有权属于国家或集体(嘎查村①)所有,牧民个体通过签订承包合同获得对草原的使用权和经营权,实行承包经营。"双权一制"制度直到2005年才基本落实完善,并且初步实现了畜牧业基本生产资料"责、权、利"的统一,是定居、围栏、棚圈、水利、饲草料基地等生产建设的前提条件。自此,内蒙古自治区的草场确权问题基本解决。

1999—2001年,内蒙古地区经历了三年大旱,畜牧业发展陷入空前困境。自治区提出"围封转移、禁牧休牧"等政策,即收缩转移、集中发展、人退畜减,缓解草原压力,靠大自然自我修复功能改善生态环境。然而,畜牧业的快速发展使天然草场承受着巨大压力,草原建设资金的缺乏导致草原保护的速度仍然赶不上草原退化速度。

在2005年"双权一制"工作基本完成之后,自治区又提出以提高农牧业综合生产能力为核心,以结构调整为主线,以农牧业产业化为重点,以增加农牧民收入为目标,继续深化农村牧区②改革,推进社会主义新农村牧区建设的方针。这也表明了内蒙古牧区畜牧业发展开始向现代化迈进。

在一系列推进草场保护与确权以及畜牧业产业化的政策指令之后,内蒙古自治区于2014年投入大量精力推动"十个全覆盖"工程,其主要内容为:计划用三年时间,在全区实现农村牧区危房改造、安全饮水、嘎查村街巷硬化、村村通电、村村通广播电视(互联网)、校舍建设及安全改造、嘎查村标准化卫生室建设、文化室建设、便民连锁超市、农村牧区常住人口养老低保医疗等社会保障全覆盖。"十个全覆盖"工程结合其他各类"新农村"建设项目,重点关注物质环境建设。经过多年的实践,牧区乡村人居环境已经初现成效。

与此同时,内蒙古自治区充分重视草原生态修复工作。2012年至2019年完

---

① 嘎查,为蒙古语,汉译为"村"。嘎查村,即对应行政村。
② 内蒙古自治区及青海省对于牧区乡村的一般名称为"农村牧区",下文涉及内蒙古及青海政策的"农村牧区"也即指牧区乡村。

成人工种草 1 500 万亩,居全国第一位。内蒙古加强林地草原征占用管理,严格落实林地用途管制、禁牧休牧轮牧、草畜平衡等制度,全面停止天然林商业性采伐,年停伐木材产量 151.2 万立方米①。

　　总体来看,内蒙古自治区的政策演变顺应了国家政策的导向,并且在草原确权方面的工作开展较早、进展较快,但牧区乡村政策的连续性、科学性和可实施性仍然有待提升。与此同时,政策的制定过于强调自上而下的行政命令、缺少自下而上的实施机制,以及缺少与相关利益群体的沟通和专家学者的研究支撑,这些都制约了牧区总体建设成效。

## 2.2.2　青海省

　　青海省的牧区政策主要围绕三个方面展开:生态畜牧业发展、农牧民专业合作社发展以及游牧民定居工程建设。

　　生态畜牧业建设注重草原生态保护和畜牧业可持续发展,以生态畜牧业合作经济组织为重要载体,并且结合草原禁牧限牧、退耕还林还草等工程展开。青海省自 2003 年开始实施天然草原退牧还草工程;2006 年发布《青海省人民政府办公厅关于印发退牧还草工程项目管理办法的通知》;2007 年发布《青海省天然草原退牧还草工程减畜禁牧管理办法》。2008 年逐步开展生态畜牧业建设,包括出台《关于加强农村牧区环境保护工作意见的通知》以及《关于利用重点项目支持生态畜牧业建设试点工作的意见》等,利用生态保护工程项目,推进限牧禁牧、以草定畜,实现草畜平衡。2016 年发布《关于推进农牧业供给侧结构性改革重点工作的通知》。

　　2006 年开始,青海省在牧区发展生态畜牧业合作社,至 2014 年连续发布了《关于加快发展农牧民专业合作经济组织的意见》《关于加强农牧民培训工作的意见》《关于促进农牧民专业合作社发展的意见》以及《关于深入推进生态畜牧业建设的实施意见》,逐步推进生态农业合作社的发展,并通过生态畜牧业合作社的发展推动生态畜牧业以及草场生态保护工作。

---

① 内蒙古全面改善农村牧区生态状况,https://www.thepaper.cn/newsDetail_forward_5449838。2020 年 2 月 1 日登录。

青海省的游牧民定居工程开展时间也较早。出台的各项政策和通知不仅关注牧区乡村的住房与基础设施建设,还涉及草场承包确权、牧区教育、医疗、金融、就业培训等各个方面。青海省相继发布了《青海省农村牧区人畜饮水工程运行管理办法(试行)的通知》(2004)、《关于认真解决当前农村牧区土地承包纠纷的通知》(2004)、《关于抓好社会主义新农村建设八项实事工程的通知》(2004)。至此,游牧民定居的建设导向初见雏形。

2009 年,国家在青海省和西藏自治区推行藏区游牧民集中定居点工程,通过国家、省级、地方层层联动,为自然条件恶劣藏区生活困难的牧区牧民建设集中的定居点,改善藏区牧民落后的生产生活条件。2011—2014 年,青海省出台了一系列关于推进牧区物质环境建设的政策通知,包括《关于整合各类涉农涉牧项目资金推进农村牧区住房建设实施意见的通知》《关于进一步推进全省农村牧区住房建设意见的通知》《关于加快推进全省游牧民定居工程建设的紧急通知》等,核心议题都是围绕进一步完善基础设施、改善群众生产生活条件,全面加快农村牧区住房建设以及游牧民定居点建设工程。

2015 年,青海省继续整合各类资金,在之前政策实施基础之上相继投入大量精力,用以实施社会主义新农村新牧区建设"八项实事工程",即生产和生活设施建设工程、通电通路通宽带工程、农牧民教育和培训转移工程、农牧民健康工程、文化和法制进村入户工程、扶贫开发工程、生态保护与建设工程以及高原美丽乡村建设工程。仅 2017 年计划总投资就高达 212 亿元,全年共安排 46个项目。

## 2.2.3  新疆维吾尔自治区

同内蒙古自治区和青海省不同,新疆维吾尔自治区采取大规模定居、草场承包配套的方式来改善牧区经济和人居环境,同时逐步解决游牧民生产生活与草场确权的问题。从 1980 年代中期至今,新疆牧区重点开展的工作基本都围绕着游牧民定居展开,定居工程贯穿了新疆牧区草原生态保护、畜牧业转型发展等重点工作的始终。

1975 年,新疆维吾尔自治区党委要求固定草牧场的使用权,大搞草原水利建设和配套的草库伦①。1984 年新疆牧区牲畜、草场承包到户,一家一户重新成为独立的生产单位,最初推行草场承包之时,出现牧民收入大量下滑的情况。1986 年自治区北疆畜牧业工作会议之后,自治区明确了牧区发展的重点方向,即牧民定居的方针和政策。政府提出了从实际出发,因地制宜、量力而行,在全区大力推广"大分散、小集中""插花定居""异地搬迁定居"等不同的定居模式。由于建设资金配套不到位、牧民思想观念转变较为困难等诸多不利因素,定居之后游牧民的生产生活状态并未有明显提升,定居工程的推进也遇到重重困难。

在此之后,新疆维吾尔自治区不断探索、实践,从 1980 年代后期定居点人工饲草基地的建设到 1990 年代定居点"三通"(水、电、路)、"四有"(住房、棚圈、草料地、林地)、"五配套"(学校、卫生室、商店、文化室、技术服务站)的重点建设,自治区的主要政策基本围绕着牧民定居后生产生活质量的提升而展开。2008 年 7 月,新疆畜牧业第三次工作会议提出了新的定居标准,在坚持"三通、四有、五配套"的基础上,采取异地搬迁式、嵌入式定居模式,把牧民定居工程与社会主义新农村建设有机结合起来。

因此,2009 年国家启动游牧民定居工程之时,新疆维吾尔自治区在经过多年的牧区工作探索后,已在游牧民定居方面取得了一定成效。近年来,新疆重点关注牧区牧民的扶贫工作,在牧区住房建设和生态环境治理方面亦取得了一定成绩。

## 2.2.4　西藏自治区

1959 年西藏民主改革后,西藏社会制度完成了从封建农奴制度向农牧民个体所有制的转变。1980 年代逐步形成了以坚持土地、草原、森林公有制为前提,以家庭经营和市场调节为主的生产经营方针。西藏牧区实行"牲畜归户、私有私养、自主经营、长期不变"的基本政策,农区实行"土地归户使用、自主经营、长期不变"的基本政策,实现了土地由集体统一经营向家庭自主经营的变迁(徐伍达,2019)。

为适应草原生态建设和畜牧业发展的新形势,2005 年西藏自治区制定发布了《关于进一步落实完善草场承包经营责任制的意见》,提出在坚持草场公有的

---

① 游牧民集中定居的配套人工草场。

前提下,实行"承包到户、自主经营、长期不变"的政策,并率先在全国建立起草原生态保护补助奖励机制,到2012年全区草场承包工作基本完成。2011年西藏自治区启动农村改革试验区相关工作,开展以农村土地承包经营权确权登记颁证、农村集体产权制度改革为重点的农牧区改革工作,探索释放农牧业发展活力的有效途径。2017年底基本完成权属调查、查田勘界等任务。同时,还开展了草原确权登记试点和集体林权制度改革,通过"三权分置",实现了农牧区集体、承包农户、新型农牧业经营主体对土地权利的共享(徐伍达,2019)。

2006年起,西藏自治区实施以游牧民定居、扶贫搬迁和农房改造为重点的农牧民安居工程,目标是用5年时间让西藏住房条件比较差的80%的农牧民住上安全适用的房屋。2010年,自治区在农牧民安居工程的基础上,按照"清洁水源、清洁田园、清洁家园"的要求,以村庄规划为龙头,以治理污染为重点,以"农村废弃物资源化、农业生产清洁化、城乡环保一体化、村庄发展生态化"为主题,在500个行政村开展农村人居环境建设和环境综合整治工作试点,重点实施农家书屋建设、村卫生医疗室设备完善、太阳能公共照明、村庄道路建设、村庄垃圾污水整治等10项工程。2011年,自治区出台了《西藏自治区人民政府关于批转财政厅〈西藏自治区2011—2015年农村人居环境建设和环境综合整治实施方案〉的通知》(藏政发〔2011〕4号),整合中央文化发展、改水改厕、农村公路、农村环保等专项资金及自治区配套资金,全面实施5 398个行政村人居环境建设和环境综合整治工程。同年开始加快推进水、电、路、讯、气、广播电视、邮政和优美环境的"八到农家"工程建设。2013年开始,自治区逐步推行美丽乡村建设试点工作。2014年,自治区根据相关工作实施方案,在全区1 000个行政村继续开展农村人居环境建设和环境综合整治工程。经过多年来自治区层面的政策推进,西藏自治区农村人居环境整治相关工作进展较快并取得较好的成效。截至2016年,建成高原农畜产品生产基地204个,科技成果转化基地10个,区级以上的农牧业龙头企业达到25家,其中国家级8家,全区农牧业产值达到25亿元(中国民族宗教网,2018)。

## 2.2.5 甘肃省

甘肃省牧区畜牧业经营体制改革大致分为两个阶段:一是1980年代的牲畜

私有到户,二是 1990 年代的草场承包到户或联户。1984 年中央"一号文件"下达后,甘肃省牧区开始推行"牲畜归户,私有私养,自主经营,长期不变"的牲畜私有化和草场家庭承包制。1987 年牧区政府召开畜牧工作会议,集中讨论了草场承包,发布《关于认真落实和完善草场承包责任制的决定》。1990 年底,围绕突破畜牧业经营体制改革的徘徊局面,牧区政府重新修订颁布《关于认真落实和完善草场承包责任制的决定》,一定程度上完善了草场承包政策。1990 年代,草场承包到户政策的推行虽取得了一定成效,但同样,由于配套建设资金匮乏、发展指导思路不全面,承包草场后游牧民的生产生活水平逐步下降,草场承包工作的开展阻力很大,群众难以接受。

1990 年代之后,甘肃省政府很少再出台针对牧区发展的专项政策,基本都是通过其他政策来间接支持,包括 2004 年的封山禁牧政策,2008 年实施的全省农村特困群众危房改造工程,2014 年的《甘肃省人民政府关于进一步加快农民合作社发展的意见》,2015 年的《甘肃省少数民族地区经济建设资金和牧区专项资金项目管理办法》等。

虽然甘肃牧区的主要发展思路也是推进草场承包、促使游牧民实现定居,但省级层面的关注度明显不足,相关的配套建设资金也并未到位,牧区建设成效不明显。

## 2.2.6　宁夏回族自治区

宁夏回族自治区于 1996 年开始逐步推行草场承包制度,草场承包改革初期,在经济利益的驱动下,高强度、无序化的放牧使草场退化问题日益严重,草场保护工作被提上日程。2002 年自治区人民政府发布《关于进一步完善草场承包经营责任制工作的通知》,草场产权的明晰进一步调动了农民建设、管理、保护草场的积极性,缓解了草场集体所有时期因"搭便车"造成的草场退化、责权利不清的问题,同时为草场流转提供了制度条件与法律基础。

与此同时,自治区于同年开始实行封山禁牧,从散养放牧向舍饲养殖、集约经营转变,逐步改变传统的养畜方式。草场禁牧很大程度上促进了草场质量的提升与草场生态环境的改善,有力推动了草场畜牧业集约化发展。至 2009 年,自治区牧区草原植被覆盖率、滩羊养殖数量都有长足进步。但随着 2007 年退耕还林、退牧还草的后续补贴标准逐渐降低,以及相关禁牧政策的实施及政策执行力度的减弱,各地农牧民迫于生计需求,开始在夜间出禁、违规放牧。

2011 年,自治区开始实施"十二五"中南部地区生态移民工程,逐渐转移中南部牧区的乡村居民。通过建设移民基地与基础设施,改善牧区乡村定居点环境,并通过建设养畜圈舍、"以草定畜",加速建立现代草畜产业,确保"封山禁牧—人工种草—舍养牲畜"战略方针的落实。

宁夏回族自治区因牧区气候与生态环境恶劣,发展重点长期为草原生态建设,随着《新一轮草原生态保护补助奖励政策实施指导意见(2016—2020 年)》的颁布,自治区继续推行草原禁牧制度,禁牧效果日渐显现。但生态移民工程对牧区乡村带来的生产生活方式转变、心理及文化传承问题仍需进一步观察。

## 2.3 牧区生产经营体制的演变

与农区乡村相比,牧区乡村的自我发展能力较弱。在历史的演变中,政府的相关政策与扶持对牧区乡村面貌的改变有很大影响。

历史上的牧区草场多数实行的是"部落公有制",即草场与牲畜资源由少数封建地主掌握,实行以部落为单位、部落内部人员共同使用的草场体制,部落及畜牧业发展一直处于"逐水草而居"的游牧状态,牧民无法拥有自己的牲畜资源。

1949 年以前,我国牧区——无论是青藏高原牧区还是内蒙古高原牧区——都处于封建制的早期阶段。直到 1950 年代,我国牧区乡村开始实行人民公社制度,草原的产权才由部落、寺院、私人(王爷)所有等多种所有制逐渐转变为国家和集体所有制(杨理,2007)。然而,放牧虽然已经融入牧民生产生活的各个方面,但是生产资料仍然在村集体手中,牧民缺乏生产积极性。

从牧区开始实行人民公社制度到"文革"结束这段时间,激烈的政治运动以及错误的发展观使得牧区经济、生态及社会等各方面发展受到了严重的破坏。同农区乡村类似,在人民公社以及"大跃进"时期,草场权属属于人民公社,牧民劳动积极性不高、畜牧业发展缓慢,公有草地无人看管、过度放牧无人问责,导致草原质量大幅度下降,草原生态环境恶化愈演愈烈。这一时期,"以粮为纲""农业学大寨"等不适合牧区发展的激进理念对牧区发展也产生了影响,出现了大规模开垦草原、破坏生态的恶劣现象,进一步加剧了草原生态的破坏①。

1978年改革开放之后,家庭联产承包责任制从农区逐步扩大到了牧区。借鉴农区乡村土地家庭承包责任制的经验,牧区政策的出台基本围绕着草场家庭承包展开。自此,我国各大牧区乡村开始了长时期的草原确权工作,而牧区经济体制也由长期的"部落公有制""国家、集体公有制"开始向"家庭承包责任制"转型,牧民的生产方式开始由"吃大锅饭"向家庭小牧场生产经营转型,而牧民逐渐由"游牧"向"定居定牧"转变。

牲畜私有化及草场家庭承包制度开始推行之后,一定程度上调动了牧民爱护草场、投入畜牧业生产的积极性,牧区整体发展出现了逐渐好转的势头。但是,草场确权、牧民定居后续的配套政策与建设机制仍然不完善,以至于出现了草场过牧、牲畜品种退化、牧民贫富差距增加等诸多问题。

## 2.4　小结

梳理国家层面和各牧区省(自治区)层面的政策可以看出,我国牧区的政策演进较为曲折。早期由于乡村工作量大面广等诸多原因,对于牧区乡村建设不够重视,相对简单的政策没有达到预期效果。简单复制农区乡村的政策用于指导牧区乡村,遇到的阻力较大。虽然长期来看也能迂回达到预期目标,但短时间内各方面冲突矛盾对牧区乡村的健康发展产生了较明显的负面影响。

总体来看,牧区各项政策的核心是草场确权,草原生态保护、畜牧业转型发展。牧区乡村人居环境建设等后续工作基本都是在牧区草场确权的基础上逐步展开的。不同牧区省(自治区)因其自身客观条件不同,选择采用不同的实施办法去呼应和落实国家在不同时期发布的各项政策。

其中,四大牧区省(自治区)的畜牧业在全省(自治区)农业经济比重中占较大份额,且草原生态对于区域环境的影响较大。因此,四大省(自治区)对于牧区

---

① 　相关破坏也催生了很多文学作品,以批判草原生态惨遭破坏的现象为主要内容,比如《狼图腾》等。

乡村的发展、草原环境的保护相对重视。内蒙古自治区草原面积广阔、草场质量较好,政策落实基本依照国家政策指令,在基本保持传统畜牧业生产的前提下稳步推进草原确权与牧民定居工作;青海省牧区多为高原牧区,生态条件脆弱、自然环境恶劣,因此选择推动游牧民定居、通过合作社的方式发展生态畜牧业来保护高原草场、提高牧民经济收入;新疆维吾尔自治区同样由于草场生态环境较为脆弱,因此很早就开展游牧民定居工程,并且持续探索和改进定居的各方面政策扶持机制,希冀通过定居与人工草场的建设来达到生态保护与草原确权的目标;而甘肃省由于牧区面积较小,政府对牧区的发展并未投入太多。

　　总体而言,各个层面对牧区乡村整体发展建设的重视程度在不断增强,思路也逐渐清晰。从最初单一的以草场家庭承包制度为主的牧区经济体制改革,向草原生态保护与畜牧业发展平衡的理念转变,我国牧区乡村发展已经基本进入以乡村人居环境建设为主的综合发展阶段。

# 3 牧区乡村生活环境

## 3.1 居住模式与生活特征

### 3.1.1 "大分散、小聚居"的定居格局

传统游牧的生产生活方式决定了牧民们没有固定的居住地点。直到 1980 年代草场确权之后,牧民们才真正实现了定居。随着 1980 年代草场确权工作的全面展开,我国各牧区陆续推进了牧民定居工程。"畜随草转、人随畜走"的传统游牧生活模式在牧区乡村逐年减少,随着草场的承包确权,牧民基本上实现了"定居定牧"。随着各项扶贫工作与新农村建设工作的开展,牧民基本脱离简易帐篷(包括蒙古包)及土房等居住质量较差的房屋,住进了新建的砖房。具体的定居推进过程中,不同牧区的实施方法和完成形态有较大差异,最直观的表现是"集聚状态和定居地点的不同"。

按照集聚状态,牧民定居模式可分为分散居住和相对集中居住。分散居住是牧区乡村最常见、也是最主要的定居状态。随着草场家庭承包责任制的落实,牧民从游牧转为定居定牧。因牧区以家庭为单位划分的草场面积较大,牧民定居点之间的空间距离较远,因而呈现出分散定居的情况。如图 3-1 所示,牧区

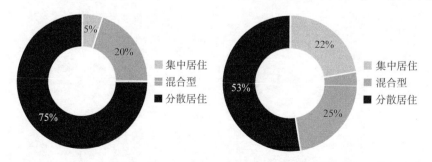

图 3-1 调研牧区村(左)与全国 480 村(右)的居住类型比较

注:集中居住指村落只有一个居民点;混合型指最大的居民点人口规模大于等于全村的 1/2;分散居住指全村有超过 3 个的村庄居民点,且最大居民点的人口规模小于全村 1/2。

75%的村是散点居住,比全国平均水平高22个百分点,实际调研显示,牧区乡村方圆几公里之内常常只有1户或2~3户牧民居住。

从游牧部落发展为村集体,牧区乡村仍具备完整的行政等级以便于区分管理,但不同于农区乡村"人多地少、人均耕地面积仅为几亩"的情况,牧区乡村"地广人稀"的客观特征以及牧户牲畜养殖的需要,使得牧民户均草场面积一般都在500亩以上(草场较多的牧户,其家庭拥有草场可达上万亩)。

调研显示,牧区乡村的住房面积普遍比农区乡村要大。如图3-2所示,青海和内蒙古调研牧区88%牧户的宅基地面积都在300平方米以上(牧区乡村牧民对于宅基地概念较为模糊,一般指房屋建设基底面积以及牧民简易院落面积的总和),基本不存在面积100平方米以下的房屋;而对于全国的农区和牧区的480个调研村合计而言,超过300平方米宅基地的农户占比仅为14%。

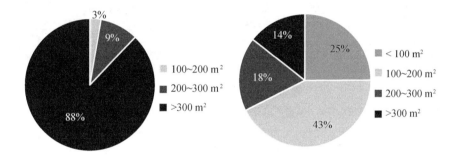

图3-2 调研牧区村(左)与全国480村(右)户均宅基地面积占比统计

**例1**:内蒙古东乌珠穆沁旗呼热图淖尔苏木呼特勒敖包嘎查。呼特勒敖包嘎查为牧区典型村落,村域面积约达640平方公里,村中草场面积约为96万亩,人均草场面积可达1 800多亩;2014年村中常住人口约为517人,户籍人口约为517人,共137户。

在"大户均草场面积"的前提下,集中居住的定居模式会导致牧民生产生活的不便利,也会增加牧民之间的冲突。因此,在各自草场上分散定居是当下我国牧区乡村最常见也是最主要的定居模式,尤其在畜牧业发展相对较好、草场质量还未严重退化的牧区乡村。

图 3-3  内蒙古典型牧区草场

注:拍摄地点为内蒙古正镶白旗乌兰察布苏木翁贡嘎查、镶黄旗宝格达音高勒苏木塔里宝尔嘎查,作者正在参与劳作。

相对集中居住分为两种类型:第一种是多乡镇合并,原来的乡镇降级为行政村,但还保留较为集中的聚落模式;第二种是在政府干预下,以生态移民、建设游牧民集中居住点等形式,把分散居住的牧民集中起来,统一建房。对于生态较为脆弱、环境较为恶劣的地区,通常采用相对集中定居的模式,如新疆沙漠牧区、青海与西藏的高原牧区等。与农区乡村比较而言,牧区乡村地区的集聚规模总体偏小。

相对于分散居住模式,集中居住在公共服务设施配置以及基础设施建设等方面有较为明显的优势,但集中居住模式与牧民传统生产生活方式之间也产生了诸多矛盾。与农区乡村自然形成的集中居住模式不同,牧区乡村的集中居住是政策导向的产物,加剧了与牧区传统生产方式的冲突,最直接的问题便是集中居民点附近方便畜牧业发展的天然草场,无法承载集中居民点全体居民的放牧需求,因此需要通过大规模新建人工草场等方式来满足大量牧民发展畜牧业对草场的需求。

图 3-4 青海牧区草原分散定居(上图)与集中居民点(下图)

注:拍摄地点为青海河南县赛尔龙乡尕庆村、河南县阿木乎村、泽库县王家乡叶金木村、泽库县宁秀乡赛龙村。

按居住地点,牧民定居模式可以进一步分为三种类型:完全草场定居、半草场定居和城镇定居。其中,完全草场定居是指牧民在城镇没有购买住房,平日生产生活等活动完全在草场上进行,以畜牧业为主要收入来源的居住方式;半草场定居是指牧民在城镇购买或租赁了住房,因季节变换或子女就学等原因一年内有部分时间在城镇居住,经济收入(可能)不完全依靠畜牧业,同时兼有其他类型工作收入的居住方式;城镇定居指牧民基本上放弃草场的住宅,选择在城镇内定居,并脱离传统的养殖放牧行业,转向其他产业门类就业的居住方式。

其中选择半草场定居的牧户,主要基于两方面原因:一是牧民定居点(草场)位置距旗县较近,交通往来相对便利,在城镇居住的同时也便于放牧,尤其在草场面积相对较小的乡村,牧民在夏季基本可以居住在城镇,放牧之余从事其他兼职工作来增加家庭收入,冬季再回到草场居住,照顾牲畜过冬;二是家中有学

图 3-5　内蒙古牧区草原分散定居(上图)与集中居民点(下图)
注:拍摄地点为内蒙古正镶白旗乌兰察布苏木沙日盖嘎查、呼热图淖尔苏木巴彦淖尔嘎查、正镶白旗宝日温都尔嘎查。

龄子女在旗县上学,必须有家人在旗县内陪同照顾,因此在旗县内租房陪读,常年不回草场,而剩下的家庭成员(主要是中青年男性)则是在草场继续从事畜牧业。根据调研访谈,因子女就学导致家庭分居两地的情况在逐渐增多。

　　三种定居方式反映了牧区乡村城镇化的三个阶段,但完全草场定居仍是牧区主要的居住模式,从调研结果也能看出(图 3-6),在乡镇、旗县内购置有房产的牧民家庭非常少,占比不足 10%,大部分牧民仍然只在乡村拥有住所。总体上看,牧区乡村的集聚程度非常低。

　　改革开放至今,牧区乡村定居工程已经取得了较好的成效。当下牧区乡村的总体格局仍然以大量分散草场定居为主,集中定居与城镇化定居为辅,形成"大分散、小聚居"的状态。

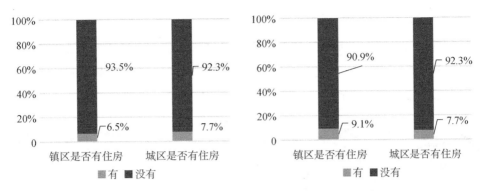

图 3-6　牧区牧民(左)与全国 480 村村民(右)城镇房产购置情况对比

## 3.1.2　村落规模小、密度低，草原风貌特征显著

以分散草场定居为主的乡村居民点格局导致牧区乡村呈现出与农区乡村完全不同的风貌特色。

农区乡村从行政管理上分为行政村和自然村，若干自然村组成一个行政村。一般而言，每个自然村都有自己的集中居民点，选址基本遵循土地平整、出行方便、资源相对富足等条件。虽然自然村的规模也有差异，但是大部分自然村都有 20 户以上的人口规模以及与农业生产相对分离的集中居民点。相对集中建设的居民点形成了较为完整、统一的农区聚落风貌——虽然也有千篇一律的弊病(张立等，2019)。

与农区乡村不同，牧区乡村呈现出"地广人稀"的低密度分布特点。从调研数据可以看出，牧区乡村的村庄平均人口规模较农区乡村小很多，前者 500 户以上大村的比例比后者少 43 个百分点(图 3-7)。由于牧区草原面积广阔、行政村

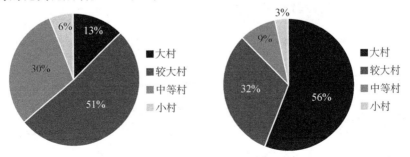

图 3-7　调研牧区村(左)与全国 480 村中的农区村(右)不同人口规模村落比例对比

注：按照"500 户以上、200～500 户、100～200 户、100 户以下"将村庄规模分为"大村、较大村、中等村、小村"

所辖的草场面积非常大,因而村落的人口密度普遍非常低,每个居民点的户数多为 3 户以下,因此也就无法形成类似农区乡村的完整村落风貌。也正是因为以畜牧业生产为主要特点的大分散定居模式,牧区乡村仍旧保留着"风吹草低见牛羊"的独特草原乡村风貌(图 3-8)。

图 3-8　内蒙古典型草原牧区乡村居民点风貌

注:拍摄地点为内蒙古东乌珠穆沁旗呼热图淖尔苏木查干淖尔嘎查、巴彦淖尔嘎查、正镶白旗伊和淖尔苏木宝日温都尔嘎查。

## 3.2  草原游牧文化下的牧民生活

牧区乡村鲜明的草原风貌特征不仅是因为外在的房屋建设与居住形态,更重要的是有传承至今的牧区草原游牧文化内核。

草原文化是生活在草原环境中的人们相互作用、相互选择的结果,既具有显著的草原生态禀赋,又蕴含着草原人民的智慧结晶,包括其生产方式和生活方式及基于生产方式和生活方式而形成的价值观念、思维方式、审美趣味、宗教信仰、道德情操等。而游牧文化则是从事游牧生产、逐水草而居的人们,包括游牧部落、游牧民族和游牧族群共同创造的文化。

草原文化及游牧文化都诞生于以游牧生产为主导的社会,草原文化区域的主导生产方式就是游牧生产,游牧生产赖以存在的自然生态条件就是草地资源,从这个角度来说,可以把草原文化与游牧文化并谈而论(吴团英,2006)。

我国牧区范围广阔,覆盖多个地理区域,形成了地域特色鲜明的牧区文化。按照地理特征,可以把我国牧区文化分为五个类型:蒙古高原型游牧文化、青藏高原型游牧文化、黄土高原—黄河上游游牧文化、西域山地河谷型游牧文化和西域绿洲半农半牧型文化(贺卫光,2001)。从现实情况来看,这五种文化区域基本对应了我国的各大牧区(内蒙古、青海、西藏、甘肃、新疆等)。此外,牧区乡村除了是从事畜牧业生产的牧民居住地,更是少数民族聚居地区,包括蒙古族、藏族、维吾尔族、哈萨克族、回族等。牧区草原游牧文化又可以看作是包含少数民族特色的多民族混合文化,二者相互交融、互为彼此①。

由于草原游牧文化自身相对完整的文化体系,以及牧区乡村相对滞后的建设开发步伐,总体来看,牧区草原游牧文化受现代化的冲击影响相对较小,其特有的文化内涵、逻辑思维方式、传统习俗、宗教信仰等内容基本得以完整传承。牧区传统文化极具文化价值且代代相传,其鲜明的特征体现在牧区的草原乡村景观、牧民生产生活的各个细节角落。牧区独有的手工艺制作、风俗文化以及宗

---

①  蒙古高原型游牧文化是一种多民族混合型文化,蒙古高原上曾经兴起过许多游牧民族,由于语系的统一,各民族文化在游牧民族迁徙与统治更替的过程中融合加强,并不断"沉积"延续;青藏高原型游牧文化中也包含着藏族文化的内容,从藏族英雄史诗《格萨尔王传》的文化内涵中也可看出草原游牧文化的气息;同样,维吾尔族文化中也包含有一定比例的游牧文化成分。

教建筑都是牧区独具特色之处（图3-9、图3-10）。

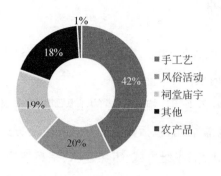

■ 手工艺
■ 风俗活动
　祠堂庙宇
■ 其他
■ 农产品

图3-9　调研牧区乡村特色的统计　　　图3-10　青海省同德县尕巴松多镇贡麻村乡村转经堂

　　草原游牧文化传承以畜牧业为基础，在牧民生产生活的各个细节都有体现。文化传承最显著的表现是语言。在调研过程中，作者所遇到的最大困难便是沟通交流障碍：牧民基本只会说本民族的语言（蒙语、藏语等），掌握普通话并熟练使用的牧民极少，基本上只有镇政府部门的干部才能较为流畅地使用普通话。在青海牧区，甚至连村级干部都无法使用普通话沟通。本民族语言虽然使得牧民与外界交流不畅，但通过语言这一载体，传统的草原游牧文化得以完整保留与传承。

　　在生活方面，牧民家庭都会制作从游牧时期便一直流行的传统食品，主要是以面块疙瘩为代表的面食和以奶茶、奶豆腐为代表的奶制品（图3-11）。奶茶与奶豆腐是牧民日常生活中不可缺少的食物，牧民在日常解渴、招待客人、休闲消遣等活动时都会食用。制作传统食品在牧民的日常生活中占据了很重要的部分，制作的奶茶好喝与否甚至成为一个家庭主妇是否能干的标志。除了正常的食用功能之外，这些传统食品更象征着草原牧区世代传承的民族文化特征。

　　**例2**：内蒙古东乌珠穆沁旗呼热图淖尔苏木巴彦淖尔嘎查。牧民家庭在客人来访时，都会拿出自制奶茶与面食点心进行招待，如果主人家十分热情，甚至会拿出新鲜的手抓羊肉、羊肠等肉食来待客；同时，墙上悬挂成吉思汗像也是内蒙古牧区家庭常见的习惯。（正中是本书作者林楚阳）

牧区乡村的传统节日保留完整,氛围良好。除了大众熟知的那达慕大会①之外,祭祀敖包(图3-11)、赛马等极具民族特色的节日风俗也体现了传统草原牧区文化的深厚底蕴。与此同时,牧区乡村少数民族的传统服饰传承也非常完整,牧民家庭的每个成员都有属于自己的传统服饰,但依各个民族的文化习惯有所差异。现在蒙古族的牧民平日很少再穿着传统服装进行放牧生产,仅在节日时穿着。藏族牧民穿着传统服装的时候较多,除了传统节日之外,很多牧民在平日生活中也会穿着(图3-12)。

图3-11 牧区传统生活习俗:制作奶制品、自家祭祀、敖包祭祀

注:拍摄地点为青海省河南县赛尔龙乡尕庆村、泽库县和日乡和日村及内蒙古正镶白旗伊和淖尔苏木宝日温都尔嘎查

图3-12 青海藏族牧区牧民日常穿着

注:拍摄地点为青海省同德县尕巴松多镇德什端村、科日干村,以及泽库县和日村。

① "那达慕"在蒙语中意为"娱乐的游戏","那达慕"大会是蒙古族历史悠久的传统节日,在蒙古族人民的生活中占有重要地位,于每年七、八月牲畜肥壮的季节举行,是人们为了庆祝丰收而举行的文体娱乐大会。

以畜牧业为核心、少数民族语言及生活习俗为载体的草原游牧文化在牧区代代传承,其独特的思想理念以及衍生出的各种生产生活习俗深刻影响着牧区乡村的牧民生活。

## 3.3　牧区定居点与设施建设

### 3.3.1　游牧民集中定居点建设利弊参半

同农区乡村建设一样,游牧民定居工程在实施之初并没有非常明确而系统的实施操作方案。除了较为常见的草场分散定居外,许多牧区省份采用建设游牧民集中定居点或者生态移民的方式来实现游牧民定居。

从政府投资建设以及后期管理的角度来看,相比于分散定居,游牧民集中定居的模式极大地减少了政府部门的工作量。首先,集中定居点建设降低了牧区乡村各方面的建设成本,包括前期房屋建设成本,水、电、路等基础设施建设成本、畜棚等生产设施建设的投入成本、定居点后期维护管理成本等;其次,政府对于定居点的管理更加方便,与牧民之间的沟通也更加容易。

但正如前文提及,牧区乡村建设集中定居点存在的最大问题是这种居住模式并非基于传统草原牧区文化所发展,也没有经过长时间的实践验证,而是外部政策干预之下的产物,必然与牧区的传统生产生活方式产生冲突。1980年代早期,新疆牧区便大规模地通过建设游牧民集中定居点的方式来实现草场承包、促进游牧民生活水平的提高。但随着快速集中定居的初步完成,相关的畜牧产业发展思路没有及时转变、相应的配套政策措施没有及时落实。在一段时期内,新疆牧区集中定居牧民的生活质量"不升反降",甚至出现超载过牧、草原生态环境加剧恶化的现象(冯莉、楚亚伟,2010)。

从青海和内蒙古的实地调研结果来看,游牧民集中定居点的建设确与传统畜牧产业发展存在矛盾,并不是最理想的牧民居住模式。早期推广集中居住的过程中,定居点的牧户在放牧过程中,由于草场空间相对较小、牲畜接触机会增多,家庭之间各种摩擦与冲突也随之增多。同时,人工草场建设进度缓慢,定居点附近的天然草场无法满足所有牧民的生产需求。因此,选择继续从事畜牧业的牧民多数不会选择在集中居民点居住,少数家庭会把老人与儿童安置在集中居民点,而青壮年劳动力则继续留在草场从事畜牧业。部分牧区乡村甚至出现集中居民点建设完成后无人居住的情况,造成投资建设的大量"浪费"。

**例3**:青海省河南县阿木乎村,村中常住人口约为1 063人,户籍人口约为1 034人,共243户。阿木乎村从2011年开始进行新村建设工作,仅有1个集中居民点,规划入住30户人家,但实际入住户数不超过5户(在调研过程中仅发现1户人家),基本为家中无畜或少畜的牧民家庭;剩下的200多户仍在草场分散定居。

图3-13　从事畜牧业的牧民在集中居民点的住房布置十分简单,一年中居住时间很短
注:拍摄地点为青海省同德县尕巴松多镇科日干村

愿意在集中居民点定居的牧民基本上放弃了畜牧业生产,仅有小部分(且只能允许小部分)继续从事畜牧生产。虽然政府为集中定居的牧民提供了相应的产业发展补贴和就业培训指导,但牧民由于就业技能低和语言沟通能力弱等制约,就业转型所面临的问题很多、困难重重,短时间内很难找到可以替代畜牧业的新就业机会。

**例4**:内蒙古正镶白旗宝日温都尔嘎查,村中户籍人口为484人,常住人口为343人,常住户数为94户,一共有14个浩特小组。左图为宝日温都尔嘎查生态移民集中居民点,约有十几户人家,基本为草场在附近的居民,早期生态移民过来但草场较远的牧民又重新回到原来草场进行生产生活。该居民点建设条件较差,房屋多为砖瓦房,但外墙裸露无粉刷,定居点中无硬化道路,沙石满天。

　　同样的情况出现在自然环境恶劣地区的牧区生态移民村落。与建设游牧民集中定居点、提供居住选择的方式不同,生态移民村是政府对于分散居住的牧民村进行整村搬迁,集中安置。政策上的强制性使得牧民基本脱离了畜牧业的生产空间,也脱离了畜牧业的生产模式,进而向农业耕作(主要)或其他产业转型。与集中定居的牧民类似,生态移民后的牧民群体同样面对定居后就业转型艰难的困境,并且生态移民后的牧民基本没有机会重新返回草原继续从事畜牧业。

例5:内蒙古阿拉善左旗嘉尔嘎勒赛汉镇阿敦高勒嘎查。阿敦高勒嘎查是生态移民示范村,全村常住人口390人,共177户,全村只有一个居民点,全部经过统一规划;村中耕地面积约为572.3公顷,村民主要种植玉米和葵花,但随着务农收入不断下降,越来越多的村民外出务工。由于就业方式发生改变,村中贫富差距非常大,贫困家庭、贫困老人数量较多。

　　建设集中居民点对于西部经济较不发达的牧区省(自治区)来说是最为简单省事的方法。虽然在草场面积较小、草场质量较差、畜牧业发展已经遇到瓶颈的牧区乡村,牧民通过集中居民点建设的相关项目享受到了名义上更好的居住环境和居住质量,但仅从生活环境建设的角度来考虑人居环境的提升,对于牧区乡村发展来说远远不够。定居之后缺乏可持续的就业保障,就业困难仍然会造成牧民"因居致贫",甚至会出现双输的局面(牧民无法致富、政府背负包袱)。

### 3.3.2　公共设施建设取得进展,但服务能力有待提升

　　牧区乡村在公共服务及设施配置方面与农区乡村的差距更大,尤其是教育和医疗。虽然国家已对牧区公共服务设施建设投入了大量财力物力,"上学难、看病难"的问题基本得到解决,但整体公共服务设施水平仍相对较低。在调研的21个牧区村中,虽然村卫生室和图书馆的建设相对较好,基本都符合新农村建设项目的建设要求,但使用者很少;老年活动室、镇村公交的配建非常滞后(图3-14)。

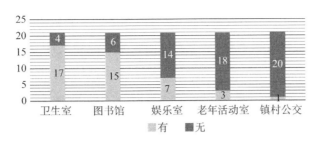

图 3-14　调研牧区乡村公共服务设施建设情况(单位:个)

1) 教育设施建设基本实现了全覆盖,但办学效率与服务范围之间的矛盾较为突出

近几年我国的乡村教育经历了幼儿园向中心村、小学向乡镇以及县城集中的大规模撤并,目的是节约教育机构的运营成本、提高教学质量以及集约教育资源。对于相对集聚的平原地区的农区乡村来说,子女上学的出行距离基本还在可接受的范围,除了偏远贫困山区,大部分平原地区的乡村家庭在子女学校寄宿方面所需承担的教育成本一般不会太高。

但牧区情况则截然不同,牧民的分散居住导致教育设施服务遇到诸多困难。调研显示(图 3-15),仅有 37% 的牧民子女在本村、镇上学,这部分学龄儿童多为居住在集中居民点牧民的子女,而大部分(63%)的牧区学龄儿童在县城或市区就学。由于牧区乡村集聚程度极低、牧民定居点非常分散,且牧区乡村缺乏"中心村"的概念,乡镇的服务能力与农区相比也较弱,在镇上集中教育资源的效果并不好。较为高效的方法是把学校向旗县集中,但对于大部分分散定居的牧民来说,定居点距旗县的空间距离太远,子女上学出行非常不便,出行成本很高,基本无法实现每日往返于学校和家庭。牧民选择让子女寄宿或者

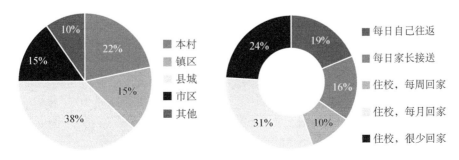

图 3-15　调研牧区村牧民子女就学地点统计　　图 3-16　调研牧区村牧民子女就学方式统计

家庭成员在旗县陪读,逐渐成为普遍现象,由此产生了大量的两栖家庭。调研显示,有65%的牧民子女需要住校,且回家的频次大部分以月为单位,甚至有半年才回家一次的情况。

从内蒙古自治区和青海省的调研结果来看,对于有学龄儿童的牧民家庭而言,基本都需要有1~2名家庭成员在旗县租房(少数为买房)陪学。除了旗县租房及生活带来的固定成本之外,子女与父母之间的沟通交流以及感情的培养(健康心理的养成)也会受到很大影响,而家庭成员之间也同样容易因此而产生矛盾。

例6:内蒙古正镶白旗伊和淖尔苏木幼儿园,2016年新建,只有5个学生,都为附近居住的牧民的子女;有3个女性老师,都为白旗居民,只有周末回到旗县休息,平时都住在幼儿园。苏木镇上即使是新建的幼儿园,其使用效率仍然很低。

2) 医疗设施建设及服务水平滞后,村卫生室服务能力有限

与教育设施所面对的困难类似,牧区乡村医疗设施建设及服务水平较为滞后。虽然在国家各类乡村建设项目中,村卫生室都属于必建项目,但现实情况中,村卫生室的建设仍然仅能满足一定的空间规模,医疗设施与医生技师的配置相当滞后。加之牧民定居集聚程度低,牧区乡村卫生室的选址只能与村委会办公室结合、在相对中心或相对集中的位置建设,服务半径偏大。调研所涉及的牧区乡村,很多村卫生室处于"闲置"的尴尬境地。从卫生室满意程度调研可看出,

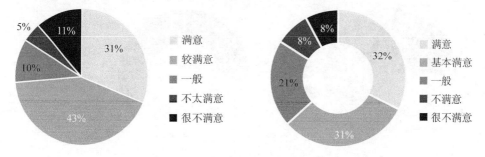

图3-17  牧区牧民(左)和农区农民(右)对村卫生室的满意程度

虽然牧区牧民对村卫生室的满意度高于农区农民,但也存在11%的牧民对村卫生室非常不满意。

(a)        (b)        (c)

图 3-18　内蒙古分散定居村(a)、青海省分散定居村(b)、青海省集中定居村(c)的卫生室现状
注:拍摄地点为内蒙古乌兰察布苏木翁贡嘎查、青海省河南县赛尔龙乡尕庆村、青海省同德县尕巴松多镇科日干村。

### 3.3.3　基础设施建设稳步推进,但总体滞后

牧区乡村已经基本实现了牧民定居,相关建设也在稳步推进,但基础设施建设的短板依然存在。早年国家对于牧区乡村建设的资金投入存在历史欠账,导致现今我国牧区乡村基础设施建设大大滞后于农区乡村,其中道路、供水、供电困难是影响牧民生活、阻碍牧区乡村发展最为突出的问题。相比于公共服务设施的建设情况,牧区乡村基础设施建设的调研结果不容乐观。在各项设施覆盖率方面,超过90%的村落覆盖比例不足半数。其中,通自来水以及有垃圾集中处理点的村庄基本是已经实现游牧民集中居住的牧区村;而有线电视在牧区乡村基本不存在,取而代之的是手机以及卫星电视,但同样也存在因电信设施建设滞

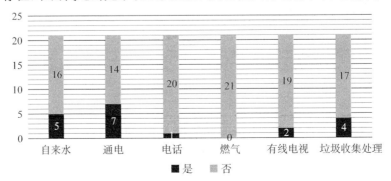

图 3-19　调研牧区村基础设施建设"是否覆盖90%牧民家庭"情况统计(单位:个)

后而导致手机、电视难以接收到有效信号的情况。

1) 硬化道路基本满足村镇联系,村户之间的道路多为土路与草场道路

随着现代化水平的提升,越来越多的牧民家庭开始使用摩托车及汽车等交通工具代替传统的骑马出行,但道路建设的滞后极大地降低了现代交通工具的出行效率,提升了出行成本,影响了牧民生活水平的提升。

牧区乡村大部分的硬化道路为村镇之间、旗县之间的主要联系通道,辐射范围有限,仅能服务于草场在硬化路两侧的牧民家庭出行。虽然国家与省市各层面在道路建设方面大量投入,但高度分散的定居模式决定了硬化路"户户通"的农区乡村建设标准短时间内难以在牧区乡村得到全面实现。以内蒙古为例,在"十个全覆盖"工程建设过程中,采用的基本是"硬化路 + 砂石路"的模式,对于位置靠近交通干道的牧民家庭,适量修建水泥路,而大部分远离主要硬化干道的牧民家庭,一般采取简单铺设砂石路的方法来解决交通出行;对于在草原深处、山区等极度偏远位置的牧民定居点,只能继续使用原来的草场道路。

**例 7:** 内蒙古正镶白旗宝日温都尔嘎查,通向村委会书记家中的砂石路。村委会书记家距水泥硬化路约为 10 公里,这 10 公里的出行只能依靠左图所示的砂石路。作者调研乘坐的出租车因底盘较低,司机担心陷入沙窝而不愿继续前进,最后 2 公里作者及调研团队只能通过步行到达。

**例 8:** 内蒙古正镶白旗乌兰察布苏木沙日盖嘎查,村委书记家门口正在修建草场土路。作者在沙日盖嘎查调研时碰上村委书记家草场修路,可以看出,受限于地质等原因,草场道路很难有稳定的地基,因此工程大多数只是停留在挖草并夯实沙土的阶段,不仅道路质量不佳,修建过程还会对草场造成较为严重的破坏。

所谓的草场道路即是草场中长期形成的出行线路,没有任何人工建设。一方面,草场道路对于现代交通工具的损耗较大,不利于长期使用,且极易受天气影响,一旦遇上雨雪灾害,草场道路便完全无法通行。另一方面,草场道路没有相对固定的走线,机动车行驶的随意性较大,造成的草场破坏也无法控制。因

此,土路与草场道路出行效率低,抗风险(主要为自然灾害)能力差,容易对牧民正常的生产生活出行造成明显影响(图3-20、图3-21)。

图3-20 通往各居民点的村级道路(沙土路)

注:拍摄地点为内蒙古正镶白旗伊和淖尔苏木宝日温都尔嘎查、乌兰察布苏木翁贡嘎查。

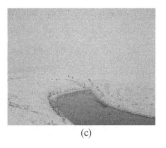

(a)　　　　　　　　(b)　　　　　　　　(c)

图3-21 草场修建土路(a)、通往牧民家的草场道路(b)、暴雪天气下被掩埋的的草场道路(c)

注:拍摄地点为内蒙古正镶白旗乌兰察布苏木沙日盖嘎查、东乌珠穆沁旗呼热图苏木呼特勒敖包嘎查、阿拉善盟腾格里开发区乌兰哈达嘎查。

**例9**:内蒙古阿拉善盟腾格里开发区乌兰哈达嘎查。乌兰哈达嘎查村域内有一处通湖景区,但受限于道路基础设施建设的严重滞后,景区游客量无法保障,村内旅游收入受季节影响较大;嘎查内的牧民家中都有饲养马匹,主要为景区服务,但在冬季暴雪气候来临之时,草场道路被积雪覆盖,不仅限制了游客出行,也极大影响了牧民的正常生活。

2)部门牧民只能通过打井获得饮用水,水质得不到保障

集中定居点的牧民虽然可以在家中用上自来水,但水源并非统一供应,而是来自山泉、地表水等自然水源,用水大多没经过处理,水质得不到保障。而更多分散定居的牧区乡村,家庭用水只能采取自打井的方式使用地下水。虽然各类扶持项目对于牧民家庭打井有一定的补助,但在一些缺水、打井深度较深、

成本费用巨大的牧区,牧民承受着较大的用水经济负担。同样,抽取的地下水仅经过简单的机器处理,无法保障饮用水的质量,对牧民的身体健康存在隐患。

分散在草场定居的牧民需要兼顾人与牲畜的饮水问题,而大部分家庭的经济条件只能承担打一口井的费用,因此多数牧民优先考虑牲畜饮水,选择在住房附近的冬季草场上打井,而生活用水靠人工挑担,十分不便(图3-22)。

(a)　　　　　　　　　(b)　　　　　　　　　(c)

图3-22　位于草场中的唯一水源(a)、家庭简易净水装置(b)、牧民家中的水源(c)

注:拍摄地点为内蒙古正镶白旗乌兰察布苏木沙日盖嘎查、东乌珠穆沁旗呼热图苏木巴彦淖尔嘎查、正镶白旗乌兰察布苏木翁贡嘎查。

### 3) 全覆盖的供电设施建设难度大,家庭简易发电装置制约因素多

随着牧区乡村生活水平的逐渐提高,各类家用电器的使用率也逐步提高,供电设备的缺乏直接制约了牧区乡村现代化水平的提高。

受制于高度分散的定居格局,虽然国家已经投入大量建设资金,但输电设备(电杆、电线)的建设仍然无法覆盖牧区的所有家庭。高昂的成本不仅包括了设备修建的必要投资,较长的空间距离导致输电设备日常损耗极大,后期的维护、管理成本同样高昂。除此之外,牧区乡村的输电设备极易受到雨雪灾害的破坏而造成牧区居民的使用不便。

在稳步推进输电设备建设的同时,政府为无法在短时间内享受到稳定电源的牧民家庭提供"风光互补"设备——通过风力发电与太阳能发电结合的发电设备进行发电。但"风光互补"的简易发电装置并非长久之计,首先,发电设备输出的电压低,无法驱动冰箱等大型家电;其次,发电设备损耗率高,尤其是最为重要的蓄电池部分,使用寿命短、价格高昂,政府仅补贴第一次购买设备的资金,后续的电瓶更换、设备维护所产生的高额费用仍需牧民自己承担。

图3-23　内蒙古牧区家庭"风光互补"简易发电装置

注:拍摄地点为内蒙古东乌珠穆沁旗呼热图苏木呼特勒敖包嘎查、巴彦淖尔嘎查及正镶白旗乌兰察布苏木沙日盖嘎查。

### 4）其他生活设施

除了水、电、路等重要基础设施外,牧区乡村的其他设施建设——包括能源燃料、厕所浴室、环卫设施的建设亦有明显的短板(图3-24)。牧区乡村在这些方面基本保持着近乎"原始"的状态(68%的牧民家庭仍然使用牛羊粪便作为供暖、煮饭的燃料,瓶装液化气及电力作为能源的比重非常小)(图3-25、图3-26)。

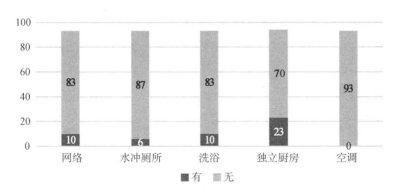

图3-24　调研牧区乡村家庭设施情况(单位:户)

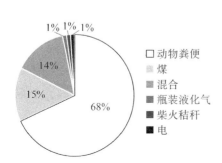

图3-25　牧民家庭炊事燃料　　　　图3-26　牧民用于供暖、煮饭的牛羊粪便

注:拍摄地点为青海省同德县尕巴松多镇德什端村,"混合"指同时使用多种方式提供能源,在牧区乡村多以牛羊粪便为主,辅以电力。

　　牧区乡村的基础设施建设短期内很难达到农区乡村的配套标准,其最大困难仍然在于高度分散的定居格局导致的建设资金投入需求过大。不仅是高度分散的牧民家庭,即使是已经完成了游牧民集中定居点建设的牧区乡村,其后续基础设施配套建设也经常因为配套资金的不足而导致建设滞后。从调研的集中居住村的数据可以看出,虽然房屋的建设质量较好,牧民的满意度也较高(75%的牧民对住房较为满意),但集中居住的环卫设施、污水设施与道路建设都存在诸多问题(图 3-27)。

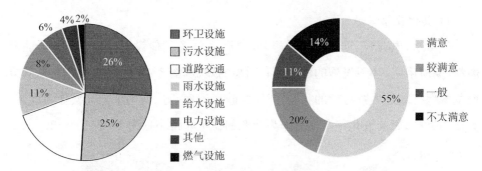

图 3-27　集中定居牧民对于基础设施建设的需求(左)及住房满意程度(右)

　　**例10:**青海省泽库县赛龙村,常住 513 户,2009 年开始实施游牧民定居点工程,2014 年开始实施美丽乡村建设,其中 200 户居住在集中居民点。村中道路在 2009 年实现了硬化,但质量较差,现状破坏严重,尘土飞扬。集中居民点已实现完全通电;集中供水水源为自然泉水,会出现用不上水的情况;房屋没有暖气,村民依靠燃烧牛羊粪便取暖、做饭;村中没有通互联网。

### 3.3.4　建设资金的投入需求过大

　　国家一直关注牧区的建设和发展,但早期的政策偏差与长时间的投入不足导致牧区乡村的建设发展远远滞后于农区乡村,并且由于牧区地域广阔、情况复杂,从近几年政府对牧区乡村的投资就可以看出,牧区乡村人居环境建设的投入需求非常巨大。

　　青海省从 2015 年开始更加重视牧区乡村建设,提出"八项实事工程"计划,仅 2015 年一年的投资金额就达到了 146 亿元,而 2016 年的总投资计划达到了 193 亿元。其中,乡村住房建设投资 16.25 亿元,农牧业设施建设投资 2.63 亿元(其中标准化规模养殖场建设 5 000 万元);通电通路通宽带建设投资 46.31 亿元;农牧民教育和培训转移工程投资 21.3 亿元;生态保护与建设投资 18.91 亿元;高原牧区美丽乡村建设投资 40 亿元(青海省发改委,2016)。

　　青海省的"八项实事工程"投资建设重点是农牧民生活居住质量的提高,包括"三通"工程(通电、通路、通宽带)、高原牧区美丽乡村建设以及乡村住房建设等。相应地,对于畜牧产业提升调整、农牧民产业转型扶持以及草原生态环境保护方面的投资金额相对较少。在基础设施建设方面,还未完全覆盖饮用水、供暖能源、垃圾收集等设施。在此基础上可以推算,如需全面覆盖牧区乡村人居环境的各方面建设,仅青海省的投资金额可能需要突破千亿元。

　　内蒙古自治区 2014 年开始推进"十个全覆盖"工程,计划三年内资金投入总额 557.6 亿元(财政部,2016)。其中,大部分资金投入农村牧区房屋改造建设、嘎查村街巷硬化以及村村通电等基础设施建设方面。以牧区乡村危房改造建设为例,内蒙古自治区在危房改造方面的资金投入采取国家、自治区、盟市、旗县四级政府层层补助的原则。自治区将危房分类为 D 级与 C 级,D 级房屋指房屋整体结构危险需要拆除重新建设,C 级房屋指房屋结构局部危险,对局部构件进行更换、维修即可正常使用。不同等级的补助有一定区别,C 级危房按照实际发生的工程量给予补助,上限不超过 13 500 元;而 D 级房屋国家补助平均每户 7 500 元,内蒙古自治区每户平均补贴 6 000 元,盟市与旗县各按照平均每户 2 616 元的标准配套。内蒙古牧区改造一栋乡村危房需要政府至少提供 15 000 元至 20 000 元的补助(表 3-1)[①]。

　　根据自治区制定的危房改造计划(表 3-2),2015—2017 年,全区计划改造 53 万户危房,各层级政府补贴一共为 99.2 亿元,即平均每年在农村牧区危房改造上投入的资金为 33 亿元。相比于青海省 2016 年计划在农村房屋建设改造方面投入 16.25 亿元,内蒙古自治区的资金投入更加庞大。与青海省一样,如需要全面覆盖牧区乡村人居环境的各方面建设,内蒙古自治区的投资金额也必然要破千亿元。

---

　　① 数据来源:内蒙古《关于实施农村牧区危房改造分类补助标准的通知》(内建村〔2014〕636 号),2014。

表 3-1　内蒙古自治区农村牧区危房改造 D 类补助标准

| | 一类补助标准 | 二类补助标准 | 三类补助标准 |
|---|---|---|---|
| 补助对象 | 五保户等没有住房建设资金配套能力的生活特别困难群体 | 牧区低保户、残疾贫困家庭等有一定住房建设资金配套能力的群体 | 住房建设资金配套能力相对较高的其他贫困户 |
| 补助金额 | 按照国家要求的最低建设标准以统建为主的形式进行危房改造 | 平均每户 18 732 元的标准给予补助(其中国家 7 500 元、自治区 6 000 元、盟市 2 616 元、旗县 2 616 元) | 平均每户 13 500 元的标准给予补助(其中国家 7 500 元、自治区 6 000 元) |

资料来源:根据内蒙古《关于实施农村牧区危房改造分类补助标准的通知》(内建村〔2014〕636 号),2014 整理。

表 3-2　2015—2017 年内蒙古自治区农村牧区危房改造任务分配方案

| 盟市 | 危房总量(户) | 国家和自治区补助资金(万元) | 盟市旗县补助资金(万元) |
|---|---|---|---|
| 呼和浩特市 | 6 319 | 8 530.65 | 3 306.10 |
| 包头市 | 15 113 | 20 402.55 | 7 907.12 |
| 呼伦贝尔市 | 17 900 | 24 165 | 9 365.28 |
| 兴安盟 | 84 544 | 114 134.4 | 44 233.42 |
| 通辽市 | 33 649 | 45 426.15 | 17 605.16 |
| 赤峰市 | 111 170 | 150 079.5 | 58 164.14 |
| 锡林郭勒盟 | 21 307 | 28 764.45 | 11 147.82 |
| 乌兰察布市 | 191 059 | 257 929.65 | 99 962.07 |
| 鄂尔多斯市 | 26 974 | 36 414.9 | 14 112.80 |
| 巴彦淖尔市 | 20 851 | 28 148.85 | 10 909.24 |
| 阿拉善盟 | 792 | 1 069.2 | 414.37 |
| 合计 | 529 678 | 715 065.3 | 277 127.53 |

资料来源:内蒙古《农村牧区危房改造 2015—2017 年实施方案》,2015。

　　总体来说,牧区乡村人居环境质量的提升远不止房屋改造、基础设施建设等,还包括牧民生产设备的优化、草原生态环境保护、牧民产业转移培训等方方面面内容。以生活垃圾治理工作为例,内蒙古自治区 2020 年拟在牧区乡村投入高达 2 亿元资金,用于生活垃圾收运处置设施建设和设备购置。从建设发展的角度来看,牧区乡村人居环境建设是一个长期的过程,而牧区各省、自治区经济实力相对不强,各级政府财政压力较大,其在牧区的投入很大一部分需要靠国家的资金以及金融贷款、企业投资和社会融资等其他力量的支持。

## 3.4　小结

　　长期以来的草场确权与定居工程,使得我国大部分牧区乡村基本实现了牧民定居。现实牧区乡村基本的定居格局仍是以自家草场定居、高度零散分布为主,集中定居仅存在于少部分地区,即呈现"大分散、小聚居"的状态。

　　牧区乡村人口的城镇化进程缓慢,牧区家庭现代化程度相对不高。传统的草原游牧文化对牧区乡村的生活影响深远,牧民在生活的各个方面仍然大量保留着传统游牧的习惯。受到传统文化、思想和生活习惯的影响,中年以上牧民的城镇化意愿较低,但随着牧区青年受教育程度的提高以及接触现代化城镇生活机会的增加,年轻人离开牧区、脱离畜牧业,进入城镇生活的意愿(和行动)在增强。

　　在生活质量方面,牧区乡村高度分散的定居格局导致了各项工程建设推进的困难。各阶段国家与地方政府提供的大量配套建设资金相比工程建设量来说仍然不够,这也决定了牧区乡村设施建设标准很难与农区乡村相匹配,房屋修建、基础设施配套等都需要通过暂时性的办法来解决短时期内牧民生产生活的各项需求(通户土路、家庭简易发电装置、地下水净化装置等)。在住房建设过程中牧民需要自筹相当一部分的资金,但对于大多数牧民来说,这是较大的经济负担。同样,牧区乡村公共服务设施的配套能力和服务能力较弱,牧民家庭的生活服务质量(子女就学、就医等)受到一定影响。

# 4 牧区乡村生产环境

## 4.1 畜牧业与家庭小牧场

### 4.1.1 牧区的畜牧业

长期以来,牧区牧民一直过着逐水草而居的游牧生活,牲畜不仅是生产资料,也是生活资料。在封建私有制时期,牧民从事畜牧业不是纯粹的商品经济行为。在为封建主、寺庙等所有者放牧的过程中,畜牧业、牲畜逐渐融入牧民的生活。游牧既是生产活动,也是日常生活,是牧民生活中不可缺少的一部分。

我国牧区畜牧业发展至今,在政府政策的引导下,牧民已经基本脱离逐水草而居的游牧生活状态。虽然现代化进程使得牧民的生活方式出现了较大改变,但畜牧业仍然是牧民生产生活中不可或缺的重要部分。与早期游牧相比,畜牧业的生产活动逐渐与牧民的生活相分离,虽然还未完全转变为现代意义上与日常生活基本隔离的产业门类,但牲畜商品化的趋势在我国牧区畜牧业的发展进程中逐渐突显。

从田野调查可以看出,牧民的生产活动主要围绕着畜牧业展开。问卷对象中,有41%的牧区居民在草场从事畜牧业。在全国乡村问卷的样本中,外出务工村民的比例为23%,而牧区乡村居民外出务工的比例仅为1%。从实际田野访谈进一步发现,壮年男性劳动力基本都在自家牧场中劳作,而照顾家庭的责任就落在老人与女性身上,牧民家庭中的女性甚至要同时承担牧场劳作与照顾家庭的责任。这也导致了调研对象中有20%的牧民从事的"工作"是在家照顾老人与小孩。总体来看,牧民家庭的就业基本是围绕着畜牧业展开。

例11:内蒙古正镶白旗乌兰察布苏木翁贡嘎查。作者在翁贡嘎查村委书记家调研过程中,有幸参与了打草、收草等劳作。图中为村委书记的妻子及妹妹,可以看出,在牧民家庭,女性除了承担照顾老人小孩等家务活外,还需要参与到每年的打草、收草等劳作中,外出务工的情况相对较少。

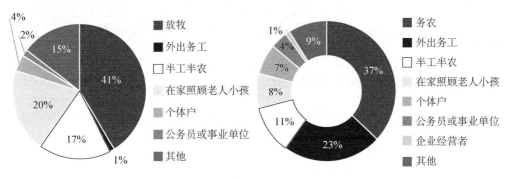

图4-1 牧区牧民问卷(左)与全国480村问卷(右)的村民就业情况

## 4.1.2 家庭小牧场

随着牧民定居工程的逐步推进,牧区乡村畜牧业的经营模式与千百年来的游牧模式相比有了较大的改变。传统流动放牧的方式随着房屋及草场的确定而转变为"定牧",畜牧业的经营模式也由早期的"放牧为公"转变为"家庭小牧场经营"。牧区乡村"定牧"模式的出现并未使传统畜牧业生产方式发生"巨变",而是在保留传统放牧经验与习惯的同时,随牧区乡村的发展进行适应性的调整。其中最明显的变化是,不同季节在不同草场放牧的流动生产习惯被限定在较小的家庭牧场之中。除此之外,家庭小牧场的生产经营模式与传统游牧方式并无太大差异。并且,传统游牧方式的内涵——轮休轮牧以维持草原的可持续发展——在家庭小牧场中通过"分季节、分区域地划分草场使用"而得以延续。

因此,当下家庭小牧场的生产经营模式既保留了传统游牧方式中的优秀经验,同时又随生产技术水平的提高而在草场管理、牲畜放养方式、经营销售等方面不断与时俱进。

**草场管理**:牧民把自家拥有的草场分为夏季(暖季)草场、冬季(冷季)草场以及打草草场(图4-2),供牲畜在不同的季节获取食物。

图4-2　夏季草场、冬季草场和打草草场
注:拍摄地点为内蒙古正镶白旗乌兰察布苏木沙日盖嘎查、翁贡嘎查。

**夏季(暖季)草场**:是指夏季(暖季)气候、气温较舒适时,自由放养牲畜的草场,夏季草场一般面积较大,距离牧民定居点相对较远,有较大的空间及较为丰富的草料供牲畜活动及食用。

**冬季(冷季)草场**:是指供牲畜在冬季天气寒冷、气候恶劣之时过冬养膘使用的草场,冬季草场一般距牧民定居点较近,方便冬季牲畜进出棚圈,躲避严寒灾害。

**打草草场**:是指牧民用于储备冬季牲畜过冬草料的草场。由于草场已经实现承包到户,草场的规模、草料品质已经相对固定,牧民无法继续依照传统游牧的方式,通过寻找天然优质的冬季草场在冬季饲养牲畜。因此,在定居前提下的畜牧业发展中,除了划分出来的冬季草场外,打草草场也是不可缺少的部分。打草草场因各地牧区草场大小、草质优劣有所不同,但主要的经营模式大同小异:每年9月(依照各地惯例,打草时间略有不同)进行打草工作,经过收割、成垛、晒干、捆扎等工序后,将草料运至家中存放备用。在机械化工具的帮助下,牧民打草的时间现在可缩短至10~20天不等;打草结束后至冬季来临之前,牧民陆续把牲畜赶入打草草场放养,食用在打草过程中剩下的草料;等到了规定的时间(因各个牧区的情况不同,时间也略有不同,大部分地区定在10月底),牧民便会封闭打草草场,不再允许牲畜进入,直到来年的打草季节来临之前,打草草场都处于不受干扰的自然生长状态。由于冬季是牲畜育肥养膘、保存能量的时节,冬季草料的质量在很大程度上决定了来年开春牲畜产息质量的好坏。如果储备的草料数量不够或质量不好,牧民还需要额外购买草料及饲料(主要指青贮等农作物)来增加冬季牲畜的营养。

**牲畜放养方式**:冷暖季分草场放牧,畜棚及现代化工具的引入提升了放牧效率。

**冷季(冬季)放牧**:草场定居后,牧民家庭的冬季放牧不再四处寻找天然草场,而是在定居点附近的冬季草场放养牲畜,同时随定居工程一同建设的畜棚在一定程度上缓解了北方极端严寒气候对牲畜的影响,加上冬季草料的储备,现实情况下,牧区牲畜过冬困难的问题基本得以解决。

**暖季(夏季)放牧**:草场面积较小的牧区乡村,牧民定居点与牲畜放牧地点的距离相对较近,牲畜在夏季基本处于放养状态,牧民不必随时跟在牲畜周边照看,并且随着现代化生产工具(如自动控水设备)的引入,牲畜饮水点的供水基本实现了自动化,牲畜群饮水的问题被较为妥善地解决,因此牧民仅需3~5天去看管一次即可。现代生产工具的引进极大地解放了牧民的劳动力,降低了牧民在畜牧业生产上的劳作强度。但在户均拥有草场面积较大的地区,牧民定居点与放牧地点的时空距离过长,当天往返于定居点和牲畜放牧点的成本较高,并且牲畜群的数量较多,夏季牲畜的放养仍旧需要牧民跟随,在帐篷或蒙古包内居住。从某种程度上看,仍旧保持了游牧的传统。

**牲畜出售**:在牲畜出售环节,家庭小牧场经营的模式下,仅有少数大型企业拥有固定的大牧场与稳定的收购来源。目前牧区绝大部分的牲畜交易多为散户收购,即有专门从事牛羊等牲畜收购工作的人员,在每年牲畜出栏的季节进入牧区草场,到各家各户收购牛羊。零散收购的方式使得牧民在出售牲畜时,并非是一次性全部出售,而是只能分批次、小规模地零散出售(图4-3)。

图4-3　内蒙古正镶白旗乌兰察布苏木沙日盖嘎查散户收牛现场
注:拍摄地点为内蒙古正镶白旗乌兰察布苏木沙日盖嘎查。

### 4.1.3　家庭小牧场模式的诸多不足

社会不断发展进步的过程中,大量人工劳动力投入仍然是家庭小牧场生产的特点。家庭小牧场经营的生产水平并未随着技术的进步而同步提升,其机械化、信息化和现代化程度依然很低。家庭小牧场极大地分散了每个生产单元的规模,虽然从总量上看,我国牧区畜牧业生产规模相当可观,然而一旦分散到家庭,每家每户所拥有的牲畜数量便被极大缩小。从生产到销售,相比于国外的大规模牧场,我国的家庭小牧场经营模式较难实现生产过程中的机械化、信息化和现代化,也很难享受到"规模经济"带来的低成本、高产出的高效生产优势。因此,我国牧民虽有优秀的放牧技巧与经验,却很难最大化地发挥这些优势,获取更大的收益。

在历史发展过程中,家庭小牧场的经营模式曾造成了对草原生态环境的破坏。伴随着牧民畜牧业出现危机,这一生态隐患就会再次出现。改革初期,家庭小牧场的经营极大地提高了牧民家庭的经济收入,牧民的趋利性使其不断地增加牲畜数量与草场放牧规模来增加经济收入。因此,在草场面积固定的前提下,每单位面积草场承载的压力快速增加,导致过牧现象时有发生,严重破坏了草原的生态平衡。

虽然国家有大量的生态保护政策出台,但家庭小牧场经营的本质并未有较大改变。在面对经济收入下降时,牧民仍然会私自增加牲畜数量来弥补损失的收益,因此超载过牧的问题无时无刻不在现实中发生。

就牧区乡村的实际情况而言,与农区乡村相对应的畜牧业家庭生产合作社的发展并未取得明显的成效。实际调研过程中发现,牧区乡村生产合作社的发展情况相对较为复杂,各个牧区的情况差异较大。在青海以及新疆、甘肃等生态较为脆弱的高原牧区,草场退化严重、草原灾害众多,继续坚持家庭小牧场的生产经营模式已经无法保障牧民家庭的正常收入水平,很多牧民入不敷出,已经难以维持正常生活,家庭生产合作社只是在政府的干预下得以勉强维持(少部分地区发展情况较好)。在内蒙古牧区,牧民仍然保持着家庭生产的经营模式,固化的观念和"能人"的缺乏使得生产合作社的发展极为缓慢,甚至出现"成立生产合作社用于套取国家奖励"的情况。

　　总体而言,我国牧区畜牧业的生产经营模式向规模化运作的转型过程会较为艰难。但是,"定居定牧"的家庭小牧场经营从生产的角度也有其优势。在改革初期家庭小牧场的经营模式极大地提高了牧民的生产积极性,并且在较长一段时期内提高了牧民的收入水平。草地确权之后,保护草场成为关乎牧民发展生计的分内之事,公共草场任意使用且无人管理导致的"公地悲剧"也基本不再出现。随着现代化进程的不断加快,我国牧区乡村的家庭小牧场经营模式却没有及时作出适应性调整,畜牧业生产仍然停留在较初级的阶段,其生产效率与经济效益远低于快速发展的现代化畜牧产业模式。

## 4.2　牧民收入与牧民就业

### 4.2.1　畜牧业生产效率低,经营收入有限

　　相比于西方国家大牧场生产模式,我国牧区乡村的家庭小牧场经营方式基本沿袭了传统人工包揽一切劳动的习惯,其信息化、机械化、现代化程度低,人工成本较高,生产效率低下。"看天吃饭"的传统生产状态过于被动,家庭小牧场缺乏改善与提升的必要资本。从市场竞争的角度来看,家庭小牧场生产无法享受大规模生产所带来的低成本、高产出的规模效益以及完整有效的风险控制体系。在外部力量冲击下,小牧场模式下的家庭经营收入无法得到有效保障。

图 4-4　作者参与打草、收草等劳动

注:拍摄地点为内蒙古正镶白旗乌兰察布苏木翁贡嘎查、镶黄旗宝格达音高勒苏木塔里宝尔嘎查。

例 12：内蒙古正镶白旗乌兰察布苏木翁贡嘎查。到秋季需要准备过冬草料的时节，牧民家庭往往需要全家出动进行打草、收草、捆草、运草等劳作。机械化程度低，自动打草机、小型货运卡车是为数不多的劳作工具，仍然需要大量人工劳动力对草料进行收集整理，效率较低。

从牧民经营的角度来说，基础设施建设的滞后导致牧民获取信息的渠道稀缺，再加上牧民自身文化水平不高，家庭小牧场模式使得牧民在现代化的市场竞争中无法准确把握产业发展动态，对于牲畜种类需求、牲畜出售价格等重要信息了解不足。以家庭为单位，零散出售牲畜的方式使得牧民只能被动地接受牛羊贩子提供的报价，在交易过程中常常处于劣势。虽然牧民位于畜牧产业链的最上游，但只能获取畜牧业产业链中较低的经营收益。

图 4-5    作者参与牧民出售种牛过程

注：拍摄地点为内蒙古正镶白旗乌兰察布苏木沙日盖嘎查。

## 4.2.2　多种外部因素影响,牧民收入趋于下降

　　随着经济社会发展水平的提高,牧民的收入虽然在不断提高,但与牧区乡村日益增加的生活成本相比较,牧民可支配收入的增加并不明显。从田野调查的数据可以看出,在调研的 18 个牧区乡村中,仅有内蒙古的 4 个村人均收入超过全国农民人均收入水平,其余 14 个村的牧民收入都低于全国平均水平。

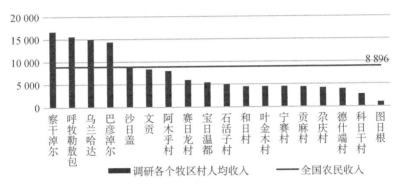

图 4-6　调研样本村 2014 年人均收入与全国、内蒙古、青海平均水平对比图(单位:元)

　　将牧区乡村进一步与全国 480 村数据比较[①],牧民的人均收入与 480 村的平均水平较为接近。但是由于牧区地广人稀,日常生产生活中花在交通上的费用远远高于农区乡村。因此,同等收入水平下,牧区乡村的牧民生活质量要低于农区农民。

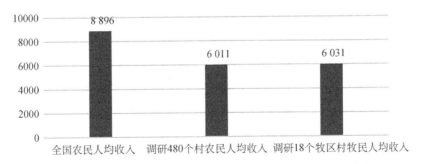

图 4-7　全国农民、480 村样本与牧区调研村样本的人均收入比较(单位:元)

---

　　① 全国 480 个调研样本村,村民人均收入约为 6 080 元。

牧区牧民的收入不高,主要原因在于畜牧业的经济效益在不断下降。

首先,各级政府出台的各项政策机制不够完善,客观影响了牧民收入的增长。以生态保护政策为例,为了缓解定居定牧之后,家庭牧场超载过牧的行为对草原的进一步破坏,国家先后出台了一系列的"禁牧""限牧"措施,通过减少牲畜数量,降低草场承载压力,进而保护草原生态环境。实施禁牧的同时,辅以相应的生态补贴来弥补牧民因牲畜减少而带来的经济损失(表4-1)。但从实际的调研情况来看,生态补贴的金额过少,难以弥补牧民因减少牲畜而造成的经济损失。牧民在面对收入下降的情况时,经济理性促使其选择在禁牧草场私自放牧。因此,虽然环境保护政策出发点很好,但由于配套的补偿机制不完善,不仅草场的生态保护没有达到预期效果,同时还给牧民造成了较大的经济损失。

表4-1    2015年锡林郭勒盟生态补偿内容

| 补偿项目 | 草畜平衡奖励 | 禁牧补贴 |
|---|---|---|
| 补偿金额 | 1.71元/亩 | 6.36元/亩 |

资料来源:锡林郭勒盟政府网站,http://www.xlgl.gov.cn/,2016年12月25日登录。

### 以内蒙古东乌珠穆沁旗察干淖尔嘎查为例

调研结果显示,察干淖尔嘎查户均300只羊(指母羊),人均草场为1 500亩,按照平均每户3个有效人口算,户均草场面积为4 500亩。根据锡林郭勒盟统计局统计,东乌旗2015年活羊出栏率为57%,也即表明,在未实行禁牧之前,牧民家庭一年可以出售171(300×57%)只活羊,而这一年需要放养的羊为471(300+171)只。

而根据东乌旗草畜平衡测算,供养1只羊平均需要22～29亩草场。因此牧民户均放养羊的数量最多应为205(4 500/22)只,也即,牧民拥有的母羊数应减少为130只(205/1.57),且每年出售的活羊数量由之前的171只减少为74(130×57%)只,少出售97只。

反过来推算,牧民应该禁牧的面积为2 134(97×22)亩。因此,牧民家庭在实行禁牧政策之后,国家补贴的经费为:草畜平衡奖补13 140元(1.71×4 500),禁牧补贴13 572元(6.36×2 134),共26 432元;而按照每只羊平均500元计算,牧民因禁牧而减少的收入为48 500元(97×500)。并且,随着羊价的下跌,牧民因禁牧、限牧而产生的损失将进一步加大,政策的补偿会更加难以弥补。

其次,畜牧业生产成本不断提高,但牛羊肉等畜牧产品的价格并没有相应上涨,且波动很大,直接导致了牧民收入的减少。数据显示,从 2010 年开始,内蒙古牛羊肉价格持续上涨,直到 2014 年 8 月达到峰值,同一时期,价格更加低廉的国外牛羊肉开始大量进入我国市场(图 4-8),且市场份额不断增加。澳大利亚、新西兰等大规模牧场生产带来的低成本优势,使得进口牛羊肉相比本地牛羊肉价格更低。凭借更加低廉的价格,进口牛羊肉具有较高的市场竞争力。自 2014 年起,牧区本地牛羊肉价格开始大幅度下降。据商务部统计,2014 年至 2016 年 8 月,内蒙古羊肉零售价格由 31.84 元/斤下降到 26.70 元/斤,累计下降 16.14%,活羊收购价格由 15.62 元/斤下降到 8.19 元/斤,累计下降 47.57%,与终端消费环节相比,养殖户受活羊收购价格下降的影响更为明显[①]。在调研过程中也发现,各个牧区的牧民都反映这几年牛羊肉价格快速下跌,早年每头肉牛出售价格可以达到 10 000~15 000 元,而这两年已经下降至 7 000~9 000 元。羊的价格更是一路走低,其中单只羔羊的售价由 1 000 元降至 700 元,2016 年某些

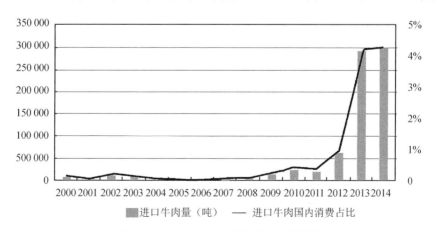

图 4-8 2000—2014 年我国进口牛肉数据

资料来源:中商情报网,http://www.askci.com/news/chanye/20160412/1016237418. shtml,2016 年 12 月 26 日登录。

---

① 商务部网站,http://www.mofcom.gov.cn/article/resume/n/201610/20161001417461.shtml, 2016 年 12 月 26 日登录。

时段甚至卖不到300元。2014 年之前因牛羊价格上涨而扩大养殖规模的牧民，因当前价格大幅下跌，出售的牲畜数量减少，导致存栏牲畜数量增加，进而增加了牧民的生产维护成本。在市场价格的快速下跌及生产成本不断上升的双重打击下，牧民的收入受到很大影响。

最后，近些年频繁的气候变化使得畜牧业的风险较大。历史上，多次发生极端气候灾害导致牧区畜牧业生产受到严重打击。近几年受全球气候变暖的影响而经常出现的干旱现象间接提高了牧区畜牧业的生产成本。调研显示，内蒙古自治区近几年较为严重的干旱气候导致天然草场草料生长受较大影响，许多嘎查村的打草草场无法产出足够牲畜过冬的草料；不仅草料数量不够，草料质量也因缺水而大幅下降。牧民需要额外购买大量青贮草料才能保证牲畜正常过冬，这导致畜牧业生产成本大幅增加。在沙漠化严重的地区，天然草料的供应更为短缺，牧民购买草料已经成为一种生产习惯，每年都要花费大量的成本用于牲畜过冬①。

## 4.2.3　牧民就业技能单一，就业转型困难

自草场确权以来，牧区乡村发展和牧民增收经历了较多曲折与变化，畜牧业生产和牧民生活也曾遭遇严峻困境。但即使收入下降、生活水平大幅降低，大部分牧民仍然坚守草场，从事畜牧业。对比种地之于农民（兼业农民较多），畜牧业（牲畜）对于牧民来说更加重要。在面对外部力量对生产生活带来的冲击影响时，牧民实现增收模式转型的困难更大。

牧民从畜牧业向其他产业门类转型的困难较大。农区乡村在农业生产受到制约之时，农民在不放弃土地的情况下，外出务工的机会成本较低。与农区农民相似的是，大部分牧民除了放牧技术之外，基本没有其他的就业技能，其外出务工只能从事最低端的体力劳动；并且多数牧民文化水平不高，尤其在语言方面，能熟练掌握并使用普通话交流的牧民数量非常少，很大程度限制了牧民外出务工地点的选择以及获取工作的机会。从调研的牧区乡村来看，牧民的文化程度基本在小学及以下水平（表 4-2）。

---

①　调研沙化牧区的牧民反映，每年在草料上的支出固定为 10 万元左右。

表 4-2  牧区村民样本、480 村样本及 2015 年全国人口 1%抽样的村民文化程度分布

| 文化程度 | 牧区样本 | 480 村样本 | 2015 年全国 1%人口抽样 |
|---|---|---|---|
| 小学以下 | 38.42% | 19.01% | 8.65% |
| 小学 | 30.97% | 22.47% | 35.36% |
| 初中 | 16.04% | 36.07% | 42.28% |
| 高中或中专 | 8.58% | 13.72% | 10.22% |
| 大专及以上 | 5.97% | 8.73% | 3.48% |

注:因四舍五入,最终汇总存在微差。
资料来源:2015 年 1%人口抽样数据摘自国家统计局网站,http://www.stats.gov.cn/tjsj/pcsj/
6rp/indexch.htm,2020 年 6 月 7 日登录。

与此同时,相比于农区农民,牧民对于草原、牲畜以及畜牧业的感情更加深厚,游牧民族的传统文化在代际传承之下,已经深刻融入牧民的血液中。放牧对于牧民来说是一件理所当然的事情,甚至可以与日常起居等同,轻易地脱离畜牧业、远离草原,对于大部分牧民来说仍是非常困难且难以接受的。因此,类似我国中西部省份乡村农民大规模"离土离乡"的情况,在牧区乡村可能很难出现。

从牧区村调研情况来看(图 4-9),大部分牧民的工作都是放牧,并且工作地点都在自家牧场[①];而除了放牧外,半工半牧、个体户或其他工作类型,其工作地点基本都在本地乡镇或旗县,外出务工的情况非常少。从工作时间方面的调查也可看出,即使是半工半牧的牧民,工作范围也大多在乡镇或旗县内,可早出晚

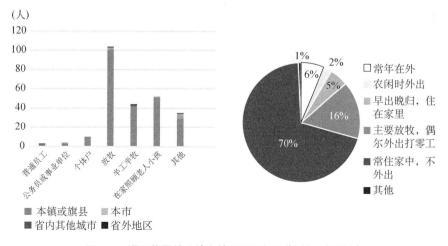

图 4-9  调研牧民就业地点情况(左)与工作时间(右)统计

————————

[①]  由于牧区调研问卷需要和全国问卷统一,因此没有另设"本村"的选项;放牧、在家照顾老人小孩的牧民工作地一般是在牧区乡村。

归,当日往返。

从本地城镇化的角度来看,牧区省(自治区)经济发展水平相对较为落后。更重要的是,与牧区乡村联系最为紧密的旗县、乡镇(苏木)的经济社会发展水平相对滞后,无法为脱离畜牧业的牧民提供充足的就业岗位,继而难以带动本地城镇化。在现实情况下,即使家庭小牧场的经营模式存在生产效益劣势,牧民生产收入水平跟不上现代化发展要求,大部分牧民仍不愿离开畜牧业,在本地城镇定居生活。因此,如果盲目快速地推进本地城镇化或大牧场生产模式,容易造成牧民大量失业等社会问题。

**例13:**访谈对象为青海省同德县尕巴松多镇青年牧民,1993年出生,于2013—2015年在湖北省某高级技校进行学习,专业为计算机应用与维修。毕业后回到家乡,本打算在县城找一份与专业相关的工作,但由于同德县就业渠道少、合适岗位稀缺,访谈对象只好回家继续从事畜牧业。

### 4.2.4　牧民融资困难

牧民家庭所拥有的牲畜可以算作一种特殊的"固定资产"。如果简单地从价格估算的角度来说,几乎每家每户都是"百万富翁"。但是,牲畜同其他固定资产不同,牧民家庭无法轻易变卖,也即无法灵活使用,并且牲畜的维育需要投入额外的资金和人力。牧民只能通过传统的放牧养殖的单一途径获取收入,很难通过投资理财等现代金融方式管理使用家庭资产,获取更多收益,进而也很难应对临时的资金周转。

基于这样的特殊情况,贷款逐渐成为困扰牧民生产生活、甚至导致牧民致贫的重要因素。随着乡村信用社的发展,牧民小额借贷越发容易。早年牧民借贷主要用于畜牧业生产方面的短期资金周转,而随着国家、地区大规模开展人居环境建设,牧民贷款开始大量用于匹配各项设施建设的自筹资金。

国家及牧区各省在牧区项目的推进过程中投入了大量的资金,但相比于建设的需求,国家投入的资金远远不够。不论是内蒙古"十个全覆盖"工程或是青海省"八项实事工程"建设项目,其间资金都有牧民自筹的部分。以建房为例,内蒙古牧区乡村一般房屋建造成本为 7 万～8 万元,而高原山区乡村房屋建造成本甚至可达 10 万元以上。国家项目资金补助最多仅能补贴 2 万元左右,强制性的危房改造使得牧民仍然需要自筹 6 万～7 万元,即便地方政府再补贴 2 万元,仍然还有 2 万元以上的差额。2 万元对于城市居民而言并不是大数字,但对于日常积蓄并不多的牧区牧民而言则不然。因此,除去家庭正常支出外(购买草料、子女就学等),在相关政策推进的过程中,各类建设项目(危房改造、加修院墙、打井、更新"风光互补"发电装置、修建冬季畜棚等)在短时间内给牧民家庭带来了很大的经济负担。虽然这并不是政策的主观目的,但造成了客观的现实后果。

例 14:调研对象为青海省同德县尕巴松多镇科日干村牧民,访谈牧民在集中居民点居住,2009 年通过危房改造项目得以翻修自家房屋,但是由于该牧民已经不从事畜牧业,也无一技之长,因此房屋新建之后迅速成为了贫困户,也无多余资金对其房屋进行维护和进一步修缮(图中为该村干部)。

近些年畜牧业生产收入的快速下降,直接导致了牧民家庭很难在借款周期内还清贷款。"以贷还贷"的现象便随之出现,牧民很容易便陷入"因贷致贫"的恶性循环。

在调研中,无论是草场条件好,畜牧业发展相对优良的内蒙古牧区嘎查,还

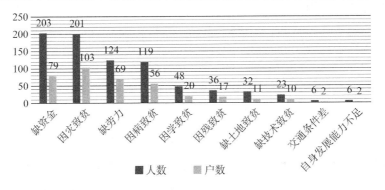

图 4-10  内蒙古某苏木贫困人口致贫原因统计

注:苏木贫困人口致贫原因统计中,因缺乏资金致贫的人数最多,其中便包括了借贷款无法按期还清,"以贷还贷"致贫

数据来源:相关政府办公室。

是生态环境脆弱、畜牧业发展受到严重影响的青海高原牧区村落,都存在大量牧民借贷的现象,且金额在 5 万～10 万元不等。在内蒙古东乌珠穆沁旗察干淖尔嘎查,甚至有 50%的牧民根本还不起贷款。

## 4.3　小结

对于大量分散定居的牧民而言,畜牧业仍是牧区乡村家庭产业发展的核心,牧民兼业的现象相对较少。自改革开放以来,牧区乡村人居环境得到逐步改善,现代化的生活理念也在缓慢渗透进牧区乡村的各个方面,牧民家庭除了在生活方面出现了积极变化,畜牧业生产也由传统的部落模式、集体生产经营模式转变为家庭小牧场的经营模式。畜牧业的发展方式也随着经营体制的变化以及生产力的进步而出现了较大的适应性改变,但传统游牧时期所传承下来的优秀经验与技术依然得到了较好的传承。

在生产收入方面,我国牧区乡村家庭小牧场的生产经营模式有其自身的缺陷,使牧区畜牧业的发展跟不上快速的市场需求变化。在畜牧业产业链中,虽然牧民长期处于最上游,但其抵御风险能力差、思想保守,且畜牧业生产过程中的现代化、机械化、信息化程度低,小规模的牧民家庭小牧场缺乏竞争力和抵御风险的能力。在各方面外部因素(自然灾害、市场价格波动、供需关系变化等)的冲击下,牧民经济收入缺乏保障,容易陷入贫困循环。另一方面,现代畜牧业生产合作社的模式推进仍较为困难,现实中已有的生产合作社规模依然偏小,现代化水平不高,甚至存在"挂牌骗补贴"的情况。大部分牧区乡村缺乏"能人"带领,多数牧民更愿意"坚守"传统的家庭小牧场经营模式。

但就现阶段来说,不论是面对风险的抵抗能力或是产业发展选择的多样性,牧区乡村都远不及农区乡村。牧民最主要、也是最重要的收入来源仍然是畜牧业,成功实现就业转型或城镇化的牧民比例非常小,外在客观条件约束与内在的就业技能限制,决定了当代牧民——尤其是中年以上群体进行就业转型的困难较大。因此,牧区乡村的城镇化进程较为迟缓,牧民就地城镇化的比例较低,而异地城镇化现象近期亦难以出现。

# 5 牧区乡村生态环境

## 5.1 气候与生态系统

### 5.1.1 气候条件较差

我国牧区大部分处于温带大陆性气候带(内蒙古、新疆)及高原山地气候带(青海、西藏)中,自然环境相对恶劣,降雨量少、自然灾害较多。按不同的气候类型分类,我国牧区主要有三种类型:第一类以内蒙古的大兴安岭西麓温凉半湿润牧业区,青海省的青南高原、祁连山中段寒温湿润、半湿润牧业区等为代表,热量资源贫乏,冬季寒冷,风雪灾害较多,物种单一,生态系统脆弱;第二类以内蒙古自治区的鄂尔多斯西部温暖干旱牧业区、宁夏回族自治区的北部农牧业区为代表,光、热资源丰富,但水分资源贫乏,干燥少雨的气候使丰富的光、热资源不能有效应用于农业和畜牧业生产,且生态系统脆弱,天然草场沙化、退化严重;第三类则以青海柴达木盆地东北部边缘的冷温干旱牧业区和新疆帕米尔高原—昆仑山北麓温凉干旱、高寒半干旱牧业区为代表,干燥寒冷,水分条件比较差,草场类型多属山地荒漠和高寒草原,产草量低,容易限制畜牧业的发展(尹东、王长根,2002)。

总体来看,牧区整体的自然气候相对不利于人类正常生产生活活动的开展,冬季寒冷、夏季干旱、纬度和海拔较高是牧区自然生态环境的共有特点,亦是牧区人居环境建设的不利条件。

### 5.1.2 生态系统脆弱,各类灾害多

我国牧区主要以草类资源为主,生态类型较为单一、生态系统相对脆弱,生态平衡容易受到各类灾害的影响。由于所处气候带以及海拔、纬度等原因,牧区除了自然气候条件不利于生产和生活之外,冬季冰雪灾害、春夏季旱灾等极端自

然灾害以及虫灾鼠患等生物灾害同样十分常见。对于相对脆弱的草原生态系统来说,各类灾害会对牧区形成较为严重的冲击。

统计显示,内蒙古在 1995—2013 年大多数年份中因旱灾造成的农业成灾面积在各种自然灾害中占到了 70% 以上;2007—2010 年各种自然灾害中旱灾造成的直接经济损失超过 72%。尽管雪灾造成的直接经济损失在各种自然灾害中一般相对较低,但是由于会直接导致牲畜死亡,特别是突发性雪灾会造成大量牲畜死亡,进而导致牧民生产生活陷入严重困境。因此,雪灾同样是影响草原畜牧业经济发展的主要自然灾害之一(韩鹏等,2016)。

图 5-1　受雪灾、旱灾等影响的牧区草原

注:拍摄地点为内蒙古腾格里开发区嘉尔嘎勒赛汉苏木阿敦高勒嘎查、镶黄旗宝格达音高勒苏木塔里宝尔嘎查

此外,以虫鼠灾害为代表的生物灾害也是牧区草原容易发生的灾害类型。历史上各牧区省(自治区)都持续经历过较为严重的生物灾害。2003 年青海省泽库县 960 万亩草场中,发生鼠害面积为 800 万亩,严重危害面积为 350 多万亩;河南县 913 万亩草场中,发生鼠害面积为 450 万亩,严重危害面积为 300 多万亩(梁景之,2008);近年来甘肃省虫害危害面积呈上升态势,在 88 个县(市)中发生过蝗虫灾害的有 45 个县(市),发生地区遍及牧区天然草地。从治虫形势上看,总体上虫灾在扩大,仅局部得到控制,2008 年高峰时甘肃省草原虫害危害面积达 197 万公顷,严重危害面积达到 98 万公顷(方毅才,2009);2012 年,内蒙古 10 个旗县区遭受虫灾。据统计,共有 74.45 万人受灾,草场受灾 40.8 万公顷,直接经济损失达 1.87 亿元[1]。2014 年上半年,内蒙古受虫灾面积就已达 3 000 万亩[2]。

---

　　① 资料来源:http://www.nmg.xinhuanet.com/xwzx/2012-08/24/content_25545077.htm,2016 年 12 月 5 日登录。

　　② 资料来源:http://news.cntv.cn/2014/06/25/VIDE1403682121101237.shtml,2016 年 12 月 5 日登录。

从全国草原鼠害虫害受灾的统计数据也能看出,虽然受灾面积在逐年减少,但每年灾害得到治理的比例依然不高,牧区草原实际受灾区域仍然很大(图5-2)。

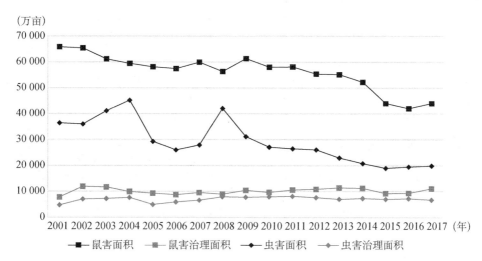

图 5-2　2001—2017 年全国草原鼠害虫害受灾及治理面积

资料来源:全国畜牧总站,2018。

## 5.2　草原生态保护

### 5.2.1　草原生态破坏严重,退化趋势明显

草原生态脆弱是我国牧区环境长期面临的问题,历史上错误决策与发展理念滞后导致的草原退化、沙化现象直到今天还未完全得到解决。王关区和花蕊(2013)的研究表明,就全国范围来看,我国草原退化面积以每年近2 000万亩的速度扩展,1970年代我国草原退化率为15%,1980年代中期达到30%以上,21世纪初期已经上升到57%左右。即使是我国牧场条件最好的呼伦贝尔草原,其沙化问题也在逐年加重:1994年全国第1次沙漠化普查,呼伦贝尔草原沙化面积为57万公顷,到了2004年全国第3次沙漠化普查时,沙化面积已经达到131万公顷,10年之间沙化面积增加了76万公顷,与1980年代相比,沙化面积扩大了10倍以上(赵慧颖,2007)。图5-3中的调研村甚至算不上一般意义上的沙漠化地区,但沙化程度仍然触目惊心。真正意义上的沙漠牧区,其自然生态环境已经十分恶劣(图5-4)。

图 5-3　内蒙古锡林郭勒盟正镶白旗、镶黄旗、青海省同德县沙化牧区

图 5-4　内蒙古阿拉善盟嘉尔嘎勒赛汉镇沙漠牧区的恶劣自然环境

草原退化、沙化逐年加重已是无法回避的严峻事实,且趋势在不断加剧。从全国的统计数据可以看出(图 5-5),2003—2017 年,我国农业用地中牧草地面积

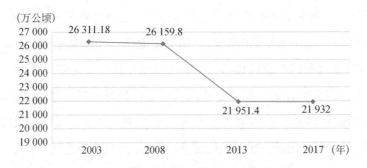

图 5-5　2003—2017 年间我国牧草地面积变化

注:统计年鉴中仅能收集到 2003、2008、2013 年及 2017 年 4 个断面时间的数据。统计数据的缺失一方面说明了草原统计工作的开展确实存在困难,另一方面也表明了从上至下对于草原保护的重视程度严重不足。

资料来源:《中国统计年鉴》,2004、2009、2014、2018。

呈现下降趋势。其中,2008 年至 2013 年甚至出现近乎"断崖式"的下降。我国草原质量退化问题亟需重视。

## 5.2.2 生态保护机制不健全,实施效果欠佳

除了国家对于生态建设的投入相对不足之外,生态补偿机制的不完善使得保护政策的落实效果欠佳。如同前文所述,相应的禁牧补贴、草畜平衡补贴不足以弥补牧民因减少牲畜数量与控制草场放牧面积带来的经济损失。牧民自身的短视性使其缺乏对于"草场破坏而导致未来发展困境"的警惕。并且,由于针对牧民就业转型培训的力度不大、实施效果不好,牧民很难从畜牧业之外获得相匹配的收入。因此,(根据笔者的访谈)牧民一方面接受国家的生态奖补,另一方面私下偷偷放牧,保持原有的牲畜规模与放牧草场规模,超载过牧导致的草原生态破坏现象屡禁不止。

尽管从国家至地方都针对草原生态破坏出台了不同的应对措施,包括禁牧限牧、草原生态补偿等,但在政策落实阶段缺少合适的配套机制,很难达到预期的目标。从数据统计可以看出(图 5-6),我国草原禁牧休牧的进展相对缓慢,休牧的面积在近几年内才出现较快的增长,但禁牧的面积却出现了下降。

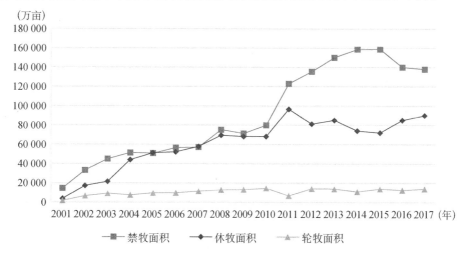

图 5-6　2001—2017 年全国草场禁牧、休牧、轮牧面积(单位:万亩)
资料来源:全国畜牧总站,2018。

　　从实地调查来看,各级政府推行的禁牧限牧政策及生态补偿政策更多地是从生态保护的角度制定,未能充分预测到牧民畜牧业生产受政策影响经济收入降低后的"主动(违法)选择"。因此牧民在禁牧草场和限牧草场私自放牧的现象时有发生,造成草场质量的持续退化。

　　相关研究结果同样支持了我们的调查判断。黄涛等(2010)对青海省牧区的调研指出,国家投入巨大的草原生态治理工程大部分只注重采取草原围栏和牲畜禁牧等生态保护措施,对促进畜牧业生产和牧民增收的措施考虑不足。客观而言,相对于农区的相关补贴,生态工程的禁牧补贴标准偏低、建设内容单一,后续产业发展跟不上,禁牧后牲畜的"吃""住"都成为问题,牧民不得不在禁牧区偷牧、盗牧,这直接导致了草原生态环境进一步恶化。

　　海力且木·斯依提等(2012)在对新疆牧区的禁牧政策实施效果的调研过程中发现,牧民对禁牧政策的主观认识不足,牧民在短时期内很难认识到禁牧的重要意义,并且禁牧政策的执行和监督力度不够,生态补贴与牧畜安置补贴标准低。牧民很难自主地响应禁牧限牧的政策要求,因此超载过牧的现象屡禁不止。

　　谷宇辰和李文军(2013)通过 MODIS 卫星提供的遥感影像对内蒙古新巴尔虎右旗的草场进行研究后发现,虽然禁牧对于草场恢复能够起到一定的作用,但对于草场质量的整体改善不能起到决定性作用。并且,禁牧时间过长将会打破原有草地生态系统中"草—畜"之间的平衡关系,反而不利于草场的健康恢复。调研还显示,2010—2011 年新右旗受访牧民人均纯收入为 20 905 元,根据"退牧还草"工程 4.95 元/亩的补贴标准,禁牧后受访牧民人均收入为 11 001.7 元,平均收入下降 47.4%。这样的巨大差异,一定程度上加剧了牧民"违法放牧"。

　　因此可以认为,我国现有禁牧限牧政策的落实情况不容乐观,对草原生态的保护效果有限,生态破坏仍在各地不断发生。

## 5.3　小结

　　我国牧区较为不利的气候条件和较为脆弱的生态系统及频发的各类灾害,是牧区乡村发展需要长期面对的现实与挑战。牧区受所处的特殊气候带以及纬度和海拔等自然要素影响,自然条件相对较差,冬季严寒、夏季缺水以及各类严重的自然灾害(雪灾、旱灾等)频发;草原沙化、退化的现象亦十分严峻,以鼠患虫灾为代表的生物灾害也时刻影响着草原生态平衡的正常运转。

尽管国家和地方都出台了若干政策保护草原生态环境,但实施工作存在很大的局限性。超载过牧的情况反复出现,不仅与生态补偿机制的不完善紧密相关,也与有法不依、执法不严等实施漏洞有关。大规模的植树造林、退牧还草虽然取得了一定成效,但牧民的短视性与认识局限性导致其在面对收益下降时,依然选择继续通过私下超载过牧来维持收益。因此各级政府虽然发放了大量的生态补偿资金,但草原保护并未取得应有的效果。

虽然我国草原生态保护修复工作取得了一定成效,但草原生态仍处于"进则全胜,不进则退"的关键时期,违法开垦草原、非法征占用草原等人为破坏草原行为时有发生,超载过牧问题尚未得到根本解决,草原鼠虫害危害严重,实现草原可持续发展的任务依然艰巨。

草原生态环境保护任重道远,需要多方协力,共同推进。

# 6  牧区乡村人居环境建设的困境

在我国,不论是农区或是牧区,乡(农)村依靠自身能力很难获取足够的发展资源与机会,也很难达到较高的建设发展水平,因此需要得到外部力量的引导与扶持。牧区乡村因其鲜明的特征与历史传承,发展情况与农区乡村有较大差别。

改革开放之前,我国牧区乡村经历了由宗族和部落统治到政府设立人民公社主导发展的重要变化,但本质上这两种乡村治理模式都是由上层(集体)意志主导,牧民缺乏自主选择和自主发展的权利;加上生产力与生产技术的落后,彼时的牧区还未完全脱离"逐水草而居"的游牧生活,乡村发展受制于相对较差的自然客观环境与自上而下的单向"控制",人居环境建设遇到的困难较大,长时间处于非常落后的状态。改革开放之后,自然条件与政府自上而下的发展意志对牧区乡村人居环境的建设产生重要影响,随着社会进步和经济社会的发展,牧民的自主意识与拥有的发展选择权利都在不断增强,自下而上的诉求表达开始介入人居环境建设的过程,并且愈加重要。

牧区乡村人居环境特征鲜明的同时,也面临着现实的困境,对其成因机制的剖析有利于相关政策的优化。在此过程中,草原自然环境与游牧文化从客观物质环境与精神思想层面影响了政府的决策以及牧民的选择;在此基础上,政府与牧民分别从不同的方面对牧区乡村人居环境产生影响,并且相互作用。政府引导的发展策略与牧民定居择业选择的结果,共同形成了牧区乡村的空间格局,而牧区乡村发展面临的各方面困境及政策的应对调整,又不断重塑着牧区乡村的人居环境特征(图6-1)。

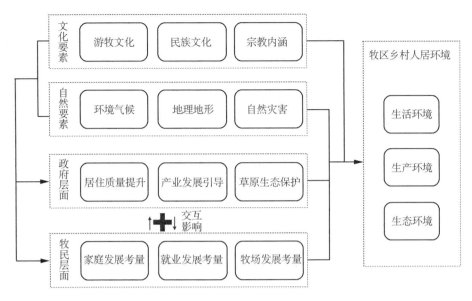

图 6-1 牧区乡村人居环境建设特征与困境的成因机制模式

# 6.1 自然条件

从牧区的发展与游牧民族演变的过程可以看出,草原自然生态环境对于牧区乡村人居环境的建设影响贯穿始终。

## 6.1.1 气候特点

我国牧区大部分处于温带大陆性气候(内蒙古、新疆)及高原山地气候带(青海、西藏)中,冬季寒冷、气候灾害较多,特别是青藏高原牧区,海拔较高、环境相对恶劣。因此,相比于农耕文明,游牧文明的生存发展面临着更多的挑战。牧区草原相对匮乏的资源环境限制了牧区的经济发展,也阻碍了牧区生产技术以及劳动力水平的提高。而经济结构的单一性与生产技术的落后性使得牧区发展更容易受到自然灾害(冰雪灾害、旱灾、鼠患虫灾等)的冲击。

在早期游牧文明的交替演变过程中,自然环境对于游牧部落的发展影响较大,游牧民族只能被动顺应自然环境,并通过游牧的方式逐渐适应草原的自然条件,但从物质建设发展的角度来看,游牧的生产方式带来的是更加分散的聚落(游牧部落)、相对简易的居住生活载体(蒙古包、毡房等)以及更加依附自然资源的生活状态(各方面生活资料),相比于农区稳定的生产生活空间以及安全的居住场所,游牧时期牧民的生产生活在自然环境面前更加脆弱且不稳定,其人居环境几乎可以等同于草原自然环境。因此,在牧民实现定居之前,牧区的自然环境对牧区乡村建设造成的直接影响十分显著,牧区乡村人居环境建设在自然环境面前长期处于困境之中。

### 6.1.2　对自然条件的逐步适应

在草场承包制改革之后,随着生产力与生产技术水平的逐步提升以及政府力量的介入,自然环境对于牧区乡村发展的影响被逐步消解,牧区乡村人居环境的建设水平有了较大提升。

定居定牧的模式从一定程度上来说为牧民的生产生活提供了相对稳定且安全的空间,围绕牧民生产生活的物质建设不再以方便流动为目的,而是开始以长期性、安全性为重点。牧民的居住空间从蒙古包、毡房到夯土房,再到如今的砖木混合结构房屋,牲畜的休憩空间从"以天为被,以地为床"到冬季畜棚,物质建设水平的提升极大地增强了牧民们抵御自然灾害、应对自然变化的能力。

虽然不利的气候环境以及其他自然灾害对牧区乡村生产生活仍然存有较大影响,但技术水平与经济实力的提升使得牧区乡村人居环境建设逐步脱离了早期的被动阶段。

可以说,牧区乡村人居环境建设的过程是一个牧民生产生活逐步适应草原自然环境的过程,自然环境对于牧民生产生活产生的影响,在牧区乡村人居环境建设的过程中逐步得到缓解。

## 6.2　草原游牧文化

除了自然条件带来的客观困境之外,在游牧文明更替发展过程中延续传承的游牧文化,同样影响着牧区乡村的人居环境建设。不同于自然环境对人居环境建设带来的直接影响,游牧文化通过影响"人"(无论是政府官员或是基层牧民)的思想理念及行为习惯来对牧区乡村的人居环境建设产生影响。

## 6.2.1    牧民的生产生活

草原文化是以草原资源为依托,同时又适应地域特点而创造出来的文化形态,是资源与地域相结合的文化形态,游牧生产方式是其核心内容(哈斯塔娜,2011)。游牧文化很大程度上伴随着牧区畜牧业(或游牧生产方式)的发展而演变传承,其体系完整且特殊,对牧区影响深远。在早期发展演变的过程中,受制于匮乏的牧区草场资源,以游牧为特征的草原畜牧业成为牧区文明发展的重要支柱,加上牧区生产力水平落后,畜牧业在牧区游牧文明经济发展中的地位逐渐巩固①。

随着时代的进步,游牧文化也出现了适应性改变,但其以畜牧业为中心的特性仍然在牧区乡村生产生活方式的基本特征中得以体现:以牛羊制品为主的饮食体系(肉制品、奶制品等)、在游牧过程中出现的娱乐方式(赛马、射箭等)、对于草场的可持续管理利用习惯,等等(阿利·阿布塔里普等,2012)。可以看出,游牧文化围绕着畜牧业而展开,影响着牧民生产生活的方方面面。

因此,在游牧文化长期的熏陶下,草原以及与草原紧密联系的畜牧产业是牧民生产生活的中心,这种思想理念直接影响了牧民的家庭发展和个人选择,并进一步塑造了牧区乡村人居环境建设的特征。

## 6.2.2    宗教意识形态

除了与畜牧业产业发展密不可分之外,宗教也是游牧文化中影响深远的重要部分。北方草原游牧民族自古以来,便信奉萨满教,其教义思想因与游牧民族

---

①    蒙古人选择畜牧业并以游牧方式经营和发展,形成了独特的游牧文化,为人类文明史增添了光彩。游牧生产方式同畜牧业的出现一样也是人们适应自然环境的结果。首先,随着牲畜数量的增加,居住区周围的牧草不够畜群采食时,牧人就要到远处放牧。当草场和居住区之间的距离超过一个日程范围时,牧人们就不得不携带其家庭成员、赶着畜群逐水草而居。其次,蒙古高原的气候为大陆性气候,冬夏温差大,严寒酷暑,四季气候变化大,以游牧的方式避开严寒酷暑是顺利进行畜牧业生产的必要手段(包玉山,1999)。

移动性生活方式相符而得到广泛传播。萨满教的产生与传播是古代人与自然万物之间和谐共处关系进一步发展的产物。

　　宗教对于草原游牧民族朴素哲学思想、政治思想、法律观念、社会伦理道德观、生态伦理观等游牧文化核心价值观的形成产生了重要的作用——游牧文化独具特色的三层式或圆锥体蒙古包和敖包便是古代游牧民族朴素时空观的具象体现。

　　更重要的是,萨满教教义以敬畏自然、崇尚自然、万物关联、互动互补为内在意蕴,以"自然为本""取之有道"为核心价值理念,以爱护自然、保护自然,与自然万物相互依存、和谐共处为行为形式,在萨满教教义中形成了维护自然界利益的道德观念(那仁毕力格,2015)。这种人与自然和谐共处的朴素生态伦理观念与游牧的生产方式融为一体,影响了一代又一代的牧民。虽然改革开放之后,定居定牧与现代生产要素对于牧民的思想观念有所影响,但自古流传的敬畏自然的生态观念仍然存在。

　　从衣食住行到宗教祭祀,牧区乡村生产生活的各个方面都脱离不开以牲畜与草原为中心的游牧文化的身影,其对于牧民自主发展选择影响重大。虽然当下定居定牧已经成为牧区乡村发展的现实,现代化发展的脚步也逐渐迈入牧区乡村地区,但以畜牧业为核心的游牧文化仍然在代际传承的过程中主导着当下牧民的生产生活习惯,并进一步影响着牧民的定居择业选择。

## 6.3　政府政策

　　同农区乡村相似,牧区乡村自身发展的能力非常薄弱,牧区乡村甚至还要弱于农区乡村。牧区乡村高度分散的定居模式以及更加匮乏的资源条件决定了其大部分物质建设都需要外部力量的帮助。

### 6.3.1　政策的历史演进

　　从牧区乡村各个历史阶段的发展轨迹可以看出,政府政策在宏观层面不断地影响并引导着牧区乡村人居环境建设的方向。改革开放之前,政策偏差和激进的政治运动为牧区带来了严重冲击。改革开放后,牧区乡村建设一直停滞不前,直至 21 世纪初期开始,牧区乡村人居环境建设才逐渐起步。自上而下的力量对于牧区乡村建设产生的影响非常直接,牧区政策导向的重点也随着时代的发展有所侧重。

改革开放初期,农区的家庭承包责任制经验被引入牧区,牧区乡村开始大力推广草场承包工作,推进牧区乡村家庭草场承包责任制的改革以及牧民的定居工程实施,从根本上改变了传统牧区乡村的整体格局(逐水草而居),为后续牧区乡村人居环境建设奠定了新的框架。

1980 年代、1990 年代的政策重点在于草原生态保护,通过禁牧限牧、退耕还草等措施,试图从影响家庭畜牧业生产以及强制性还林还草等方面恢复沙化退化的草场生态环境。这一阶段的政策仍然在于从宏观区域的角度来促进草原生态的保护,对于牧区乡村人居环境建设的推动相对较少。

21 世纪初,各地政府开始加快提升草原畜牧业发展以及推进生产合作社的建设,以保障牧民的生产活动,稳步提高牧民畜牧业经济收入水平。这一时期,牧民的畜牧业经济收入确实有显著提升,但与草场确权初期相比,牧民的生产环境并未有明显改善。

进入 21 世纪之后,在新型城镇化路线方针指导下,政策重心开始转向牧区乡村物质环境建设,从房屋改造、生活性与生产性基础设施建设入手,牧民的生活质量与生活水平得到了极大的提升。也是在这一阶段,以物质建设提升为基础,牧民的生产生活以及家庭草场生态环境逐步改善,牧区乡村的人居环境建设得以快速推进。

也需要指出,在牧区发展的历史过程中,一些片面的、激进的政策措施因缺乏因地制宜的考虑以及可持续发展的思想指导,在牧区发展过程中产生了一定程度的负面影响,进而造成了当下牧区乡村人居环境建设的困境。草原生态环境持续恶化是最直接和明显的例子。

## 6.3.2 自上而下的政策实施

政府力量的介入为牧区乡村的发展带来了必要的扶持与帮助。自改革开放后,地方政府在宏观层面上把控着牧区乡村整体发展方向以及人居环境建设的各个方面。早期的指导方针更多着眼于牧区整体畜牧业经济发展与区域草原生态环境保护之间的平衡,随着社会整体经济水平的提高以及全国范围内的城镇化步伐加速,政府对于牧区的发展建设也跟随着农区的脚步,逐步侧重于牧区的城镇化建设。

虽然从建设成本、管理成本、运行效率等角度考虑牧区发展,大规模推动牧民集中居住、城镇化定居是最理想的方式,但游牧民族传统文化的特殊性以及牧区乡村发展的复杂性决定了短时期内牧区乡村的现代化水平无法达到农区乡村的标准,随着生产技术的提升与先进思想的注入,牧民主人翁意识不断增强,同时新时期"以人为本"的发展方针逐步深入人心,强制性地快速集中居住,其效果反而容易适得其反,因此,政府决策开始逐步注重牧民发展诉求的表达,在尊重牧民选择的基础上,因地制宜地提供建设发展支持,牧区乡村人居环境建设的重心也随之向牧民生产生活环境转移。

总体来说,政府政策在不断修正完善与调整的过程中制定和实施,国家及地方政府在不同时期出台的发展政策从宏观层面对牧区整体发展进行引导和把控,在牧区畜牧业生产提升、牧区乡村生活质量改善及牧区草原生态保护等方面注入必要的外部支持,自上而下地推动牧区乡村的人居环境建设。

### 6.3.3　建设管理的困境

在牧区乡村建设过程中,上级政府严格把控投入资金的使用,并规定了一系列的建设标准与要求,基层政府对于上级政策没有自主调适的权利,只能"照章办事"。但牧区乡村情况复杂、困难重重,政策推进实行"一刀切"标准,使得基层政府在具体落实政策时遇到非常大的阻力。

同样以危房改造项目为例,政府在建设补贴方面分级分类规定了各种情况的具体补贴办法,并且明确规定,在项目实施周期内必须完成危房改造指标。虽然政策的制定出台以改善牧民的居住质量、保障牧民居住安全为出发点,但在具体操作落实过程中,上级政府缺乏把控政策落实全过程的能力,但又不向基层政府放权,不让基层政府针对不同家庭的经济情况灵活地调整补贴。僵化的政策落实机制导致了基层政府只能"严格"参照政策标准办事,最终危房改造的真正受益者仅是原本家庭条件就不错的中高收入水平的牧民,而更加需要改善住房质量但又无法负担自筹资金的贫困牧民家庭很难享受到政策提供的资金帮助。

牧区乡村实际情况多变且复杂,牧民文化水平及思想意识的落后使得其在"响应政策"之时,主要考虑自己的利益,因而基层工作人员解释政策要求时有一定困难。此外,基层政府缺乏足够的授权,无法因地制宜地灵活调配使用建设资金,因而"一刀切"的政策标准以及僵化的管理机制使得建设资金无法达到使用效率最大化。从结果来看,最终的政策效果仅能体现在少数牧民群体身上,而对于大部分真正需要得到帮助的贫困牧民来说,强制推行的建设政策甚至会导致其生活质量的下降。

## 6.4　牧民选择

牧区乡村发展的主体是牧民,有关牧民生产生活的一切诉求都是牧区乡村人居环境建设需要考虑的内容,也是影响牧区乡村人居环境建设特征形成的因素之一。随着牧民自主意识的增强,在自下而上的发展诉求及其实现过程中,牧民群体通过自主选择定居地点与生产方式(传统草原定居与城镇化),塑造出牧区乡村人居环境的现实格局,进而影响了牧区乡村人居环境特征的形成。牧民自主选择结果受到多种因素交叉影响。草原自然条件、游牧文化以及政府政策的实施,最终作用于牧民,直接影响了牧民的选择结果。

### 6.4.1　散居与定居

传统草原生活习惯扎根于牧区,当代牧民难以舍弃传统习俗,同时在牧区乡村人居环境建设过程中,物质环境的改善进一步"巩固"了牧民对于草原生活的想法。

从游牧到定牧,牧区乡村发展建设的根基一直是畜牧业,在我国现实从事畜牧业的牧民身上,围绕着放牧展开的一切生产生活行为,包括家庭小牧场畜牧业的经营模式、各类牲畜的放养方式、以放牧生产为主的生活状态和生活习俗已经形成传统。从全国乡村发展水平来看,现代化、城镇化发展对于农民的思想意识已经产生了巨大的影响,但牧区乡村这种完全建立在畜牧业生产之上的传统思维方式,使得现代化意识的浸入较为缓慢。

在此前提下,仍然从事畜牧业的牧民很难在短时间内接受现代化生产技术与生活理念,短时期内难以通过提升畜牧业生产方式或就业转型完成城镇化的转变。一方面,仍然在草原定居从事畜牧业的牧民已经习惯"风吹草低见牛羊""方圆十里无人家"的草原放牧生活,广阔的草场、成群的牲畜以及围绕着生产而展开的各种生活习惯是牧民难以割舍的一部分,城镇化、现代化集约紧凑的生活环境以及快速的生活节奏对于牧民来说反而是一种"拘束"。另一方面,对于传统经验的依赖,思想的保守以及自身就业技能的单一,使得牧民对于放弃传统畜牧业、改变现有生活状态转而尝试城镇定居且从事新的工作存在"恐惧"心理。

与此同时,政府对于牧区乡村人居环境建设的大量投入使得牧区乡村的基础设施建设以及居住环境与早年相比确实有了质的提升。从定居的角度来说,物质建设水平的提升"强化"了牧民选择继续在草场居住的意愿(图 6-2)。

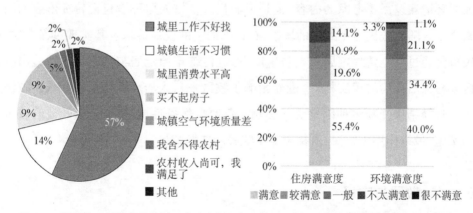

图 6-2  调研牧区村的牧民希望一直在乡村居住原因(左)及对住房与环境满意程度(右)统计

畜牧业生产的传统使得牧民成功实现就业转型的可能性较低,加上牧区城镇化配套条件相对滞后,主客观条件都限制了牧民放弃畜牧业而转向其他就业方式的机会。

传统畜牧业经济是千百年来我国牧区特有的经济发展类型,也是当下牧区牧民赖以生存的重要产业,甚至可以说是牧民的生存意义之一。从主观的角度来说,从事畜牧业既是获取生产生活资料的重要途径,又是世代传承、难以割舍的传统,因此,在家庭小牧场经营尚能维持生计之时,牧民一般不会主动脱离牧场、脱离畜牧业。

就现实客观情况来看,我国牧区省(自治区)的城镇化建设从政策引导、保障机制、物质建设等方面都还未达到能顺利接收大量放弃畜牧业、选择城镇定居的牧民的阶段。如前文所述,由于牧区乡村牧民大多数只掌握了世代相传的放牧技能,在城镇化的过程中很难通过其他就业方式获得稳定的收入来应对城镇生活相对高昂的生活成本。

从调研结果也可以看出,93%的调研对象不愿意搬离牧区乡村;并且牧民不愿意搬离草场进入城镇生活的原因也较为简单,其中最主要的三个原因是"买房困难、就业困难、生活成本高昂"(图6-3)。

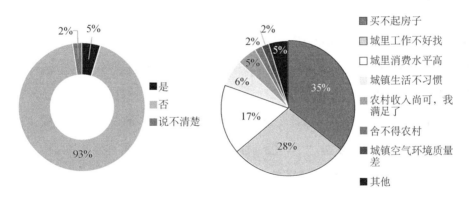

图6-3　调研牧区村的牧民搬迁意愿(左)与不愿意搬迁原因(右)统计

因此,不论从主观意愿或是客观条件来看,牧民的选择更加倾向于草场定居。调研数据同样显示,89%的牧民选择的理想居住地仍为乡村,与全国调研

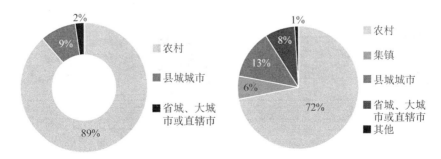

图6-4　调研牧区村的牧民(左)及全国480村的农民(右)理想居住地选择统计

数据相比,牧区乡村牧民更加倾向选择在乡村居住。数据还显示,基本没有牧民选择集镇作为理想居住地。这也从侧面说明了牧区乡镇建设发展的严重滞后。

## 6.4.2　生活质量提升

牧区乡村的现实生活环境与快速革新的现代化生活模式不匹配,传统的牧场生活状态无法满足牧民随经济社会发展而不断增长的需求。

随着经济社会整体水平及物质建设水平的提升,牧区乡村的公共服务设施及基础设施建设程度与现代化生活之间的差距愈发巨大,虽然相比于早年的游牧时期,当代牧民的生活水平已经有了翻天覆地的变化,但与快速发展的现代化社会相比,牧区乡村的信息化、电气化、机械化普及程度明显不足。对于逐渐接触城镇化且有过城镇生活经历的牧民群体来说(特别是有条件、有能力且经常接触城镇生活的牧民群体),舒适的生活条件、便利的生活设施、安全的生活环境是草场生活无法比拟的。

调研结果显示(图 6-5),牧民对于牧区乡村最不满意的地方在于设施建设的落后。对比全国调研数据,牧民对于设施建设落后的不满意程度更高,其次则是挣钱少、自然灾害多等影响牧民各类发展诉求的因素。13%的牧民选择草原自然灾害多,环境恶劣,反映了日渐恶劣的草原生态环境对牧民正常的生产生活带来严重的影响。尤其在高原严寒地区、沙漠地区等自然条件更加艰苦的牧区乡村,饮用水的安全、自然灾害的防范、医疗设施的供给很难得到保障,牧民的生活甚至难以达到"安全"的水平。

图 6-5　调研牧区牧民"不喜欢乡村"原因统计(左)及"不打算一辈子待在乡村"原因统计(右)

　　因此,出于对舒适的现代化生活水平的向往,对教育设施、医疗设施、商业设施等生活服务的需求,以及个人发展的追求,有能力的牧民群体便会倾向选择城镇化定居。特别是对于青年一代牧民来说,其接触城镇化生活的机会更多,受现代化影响程度更高,生活习惯基本更加倾向于城镇生活。

　　以子女教育为例,随着现代教育的普及以及政府对于牧民再教育的重视,牧民思想观念也在与时俱进。当下牧区乡村家庭对于子女教育的重视程度不断提高,牧区乡村学龄儿童主动接受教育的机会增多。如前文所提及,牧区乡村儿童就学需要向城镇集中,容易造成家庭长期两地分居,不利于正常家庭关系的维系,更不利于父母与子女之间感情的培养(子女健康心理的形成)。因此,权衡子女教育机会与家庭正常生活,有部分牧民会倾向选择逐步脱离草场、定居城镇。牧民对于子女未来发展的思想观念也在改变,越来越多的牧民已经不再强求、也不愿意子女继续从事畜牧业,而是希望子女脱离畜牧业转向城镇工作生活。

　　集中定居点或是旗县可以满足牧民日渐增多的发展诉求,同时也是牧民的可考虑选择。

　　**例15**:访谈对象为内蒙古镶黄旗塔里宝尔嘎查某生产小组组长。组长家中草场面积约为1000亩,约有300头羊。组长儿子在黄旗上初中,由于草场离黄旗较近,组长在旗县上还有住房,并和妻子经营一家早餐铺;组长一年中约有一半的时间在旗县居住,经营店铺并照看儿子上学,仅冬季回草场照顾牲畜。其家庭已经逐步实现城镇化。

### 6.4.3　家庭的分化

　　相比于游牧时期,现阶段家庭小牧场经营的畜牧业发展模式在现实情况下已经出现收入危机,很难支撑家庭长期的发展运行,从家庭发展考虑,部分有能力的牧民开始寻求"新的出路"。

　　草场确权之后,家庭人口增多带来的分户需求给牧民家庭产业发展带来了问题。同农区乡村家庭承包土地所面临的问题类似,草场确权使得每个家庭在法律规定的年限内保有固定的草场面积与相对固定的牲畜数量。在这段时间内，牧民家庭无法通过额外获取更多草场来满足分户子女从事畜牧业生产的需求，只能通过划分自家草场、牲畜解决。随着从事家庭畜牧业人口的增多，人均草场面积不断减少，草场能够带来的畜牧业经济产出将会快速下降，更难以维持牧民家庭日常生计。现实草原承载能力无法支撑持续增多的畜牧业人口。在有限草场资源条件限制下，牧民家庭的长期发展需求很难再通过传统畜牧业来满足，这种需求也在逐渐"推动"牧民脱离草场。

政府在扶持乡村建设时，虽然在畜牧业生产设施建设方面（修建畜棚、人工草场等）投入较多，但从长远发展来看，并未从根源上解决家庭小牧场经营面临的效益效率等诸多问题，牧民家庭小牧场的收入仍然存在风险波动。在此情况下，对于部分有能力的牧民来说，"自寻出路"或是通过政府提供的相关就业培训等渠道脱离草场、选择集中或城镇化定居是保障家庭正常发展的机会。

## 6.5　交互作用

### 6.5.1　自然环境与政府及牧民的互动

如前文所述，牧区乡村人居环境建设的过程实质上是一个逐步适应自然、改造自然的过程。在这个过程中，政府与牧民作为推动牧区乡村发展的主体，时刻受到草原自然环境的影响，进而影响了宏观政策的制定与微观个体的选择。

草原的自然灾害对牧区乡村发展、牧民正常生产生活的阻碍较大，在牧区乡村人居环境建设的过程中，牧民集中定居点建设、牧民危房改造、冬季畜棚及人工草场建设等内容，都是政府与牧民采取的应对自然环境影响的具体对策。同时，在牧民个体选择的过程中，自然环境所带来的诸多负面影响也在驱使着牧民重新考虑未来的定居就业选择。

不可忽视的是，随着人为因素的过多介入，原本脆弱的草原自然环境受到了更严重的破坏。在顺应自然规律的游牧方式发生改变后，畜牧业的发展或者说牧区的发展反而对草原生态环境造成了一定程度的负面影响。

早期政府错误的发展政策①，以及定居定牧后出现的牧民超载过牧的现象，使得草原自然生态环境受到较多冲击。内蒙古的两大草原——锡林郭勒草原和呼伦贝尔草原是中国最典型的草原分布区，是环北京生态防护圈的重要组成部分，但生态严重退化。1980 年代、1990 年代期间，锡林郭勒草原退化率已经达到 80%以上，进入 21 世纪后，草原更是表现出整体全面退化，而且中重度退化面积超过 40%；而呼伦贝尔草原在 21 世纪初期退化面积就达到了 50%以上（李政海等，2015）。

因此，草场大规模沙化退化、草原生物多样性降低等问题依然伴随着牧区发展而存在，影响着牧区乡村的人居环境建设。虽然 2010 年之后，国家和各相关省（自治区）对草原生态治理投入很多，草原生态环境得到很大的改善，但是长期治理的压力依然存在，牧民、政府和自然环境三者之间尚未形成良性的互动关系。

## 6.5.2 游牧文化对政府与牧民的影响

游牧文化影响政府各项政策的制定和实施的过程，以及牧民自主实现发展诉求的过程。

从政府层面来看，在制定牧区乡村发展政策时需要考虑游牧文化的重要性及其所带来的影响。文化的传承与发扬同样是牧区乡村发展的重要环节，传统的文化活动（那达慕大会、祭祀敖包、赛马等）不仅是牧民之间相互联系感情和维持关系的重要纽带，也是展示牧区游牧文明精髓的重要方式。从传承的角度来看，牧区特定的文化习俗必须依托草原这个特定的空间载体才能存在，并展现出最传统、最完整、最独特的一面。因此，从考虑游牧文化传承的角度出发，政府在制定相应人居环境建设策略、推进牧区城镇化的过程中应相对谨慎，充分尊重牧区深厚的游牧文化。

对于牧民来说，游牧文化所带来的传统思想观念直接影响了牧民的定居择业。传统游牧文化所主导的生产生活模式与现代化的生活模式及生活节奏存在内生的矛盾。在游牧文化的影响下，脱离草原（牧场）生活对于牧民来说，即是脱

① 在 1958 年"大跃进"和 1960 年"全党全民大办农业"等口号影响下，各地掀起了开荒种粮的高潮，直接导致草场受到大规模侵蚀，并且在青海、甘肃两省更为严重（李晓霞，2002）。

离习以为常的生活状态。从牧民访谈的结果可以看出,当前无论是对城镇化的考量、定居点的选择,或是对生活及生产方式的考虑,牧民们都以是否有利于畜牧业生产为出发点。因此,游牧文化带来的对草原的"依恋"以及传统生产生活方式都直接影响了牧民的定居择业。

例16:访谈对象为内蒙古东乌珠穆沁旗呼热图查干淖尔嘎查村民。村民家中草场面积约为 4 500 亩,约有 300 只羊,畜牧业是该牧民家庭的唯一经济来源。当问及是否愿意集中居住时,村民的第一反应便是不利于放牧、不利于牲畜的管理等,容易产生各种矛盾,因此不愿意选择集中居住。

### 6.5.3 政府政策与村民选择的相互影响

相比于农区,牧区独特的草原自然物质环境(地理条件、气候条件等)决定了牧区乡村发展的资源更加匮乏、经济模式更加单一,发展所遇到的挑战也更加巨大。在此前提下,牧区乡村自行组织发展的力量更加薄弱,牧区乡村改革初期,政府的引导扶持在牧区乡村建设发展的过程中占据了重要的主导地位,可以说"上级意志"几乎包办了牧区乡村发展的各方面事宜。随着社会经济不断地发展进步,自上而下、大包大揽的发展思路逐渐发生改变,政府对于牧民自身意愿的表达越发重视。并且从某种角度来看,游牧文化影响下的牧民发展意志蕴含着牧区传统朴素且顺应自然的发展观念,一定程度上符合草原的可持续发展目标。因此,牧民自下而上的发展诉求与发展选择是政府无法忽略的重要因素,对政府调整发展思路、制定实施政策影响巨大。

从人居环境建设的角度来看,政府的作用在于通过发展政策,从宏观层面把握引导牧区建设和牧民的发展方向,同时通过技术、资金等方式的投入,为牧区乡村人居环境的各方面建设提供必要的物质支持;牧民则是在响应政府政策引导的基础上依据自身发展诉求做出定居择业选择,而选择结果又向政府提供了政策实施效果的反馈,为政策的继续优化调整提供必要参考。

在自上而下的政策落实与自下而上的诉求表达相互作用过程中,牧区乡村差异化定居择业格局逐步成型(草场分散定居并继续从事畜牧业为主,草场半定居并城镇兼业为辅,完全城镇化定居缓慢进行)。牧区乡村定居择业格局的背后是牧区乡村人居环境建设的特征与发展困境:高度分散的聚落、传统的畜牧产业、相对落后的物质环境建设以及逐步恶化的草原生态环境,等等。

## 6.5.4　四要素互动关系的影响

"自然条件—游牧文化—政府—牧民"之间的互动关系,通过影响牧区乡村的定居择业格局来影响牧区乡村人居环境特征,同时也带来了相对应的建设发展困境。

1) 完全草场分散定居:高度离散的生活聚落、传统的畜牧业生产模式、巨额的建设资金投入及落后的设施配置

虽然政府在不遗余力地推动牧区城镇化与集中定居的步伐,但总体来看,基于游牧文化影响下的传统生活习惯与畜牧业发展等方面的考虑,不论是出于主动或是被动,完全草场分散定居仍是大部分牧民的选择。在这种自下而上的自主意愿基础上,政府对于牧区建设的投入便开始向乡村物质环境建设方面倾斜,通过逐步提升基础设施建设水平与居住质量,实现草场分散定居模式下牧区乡村居住环境和生产生活质量的提升。从产业发展的角度来看,受制于长期以来对于牧区乡村教育发展投入的缺失,牧民的整体素质水平很难在短时间内通过简单培训而得到显著提高,政府在牧区乡村产业发展方面的投入扶持,主要还是对家庭牧场的生产设施建设、牲畜品种改良等与家庭畜牧业发展直接相关的方面;对于牧民就业转型培训的投入比重较小、效果不明显。因此,高度分散的家庭小牧场生产经营仍在持续,选择草原定居是牧民心中"理所当然"之事。

在这种互动作用下,牧区乡村整体的定居格局仍然围绕着畜牧业而展开,呈现出富有特色的高度分散聚落模式,并且其生产生活状态在引入了一定程度的现代化设备的同时,仍然保持着"风吹草低见牛羊"的传统牧区风格(图6-6)。

从牧民的角度来说,选择继续草原定居主要分为两种情况:一是牧民家庭草场质量较好、牲畜规模相对较大、面临畜牧业经济冲击的时间较短,家中

已有的经济基础为收入下降提供了暂时的缓冲空间,且畜牧业收入的下滑还未达到严重影响生活的情况,继续按照传统畜牧业的生产方式仍然可以维持原有的生活水平。在此前提下,传统生产生活习惯依旧占据绝对主导,牧民基本不会考虑在短时间内放弃经营多年的家庭畜牧业、放弃长久依赖的草原生活。另一种情况则是,牧民家庭经济收入情况已经不容乐观,坚持原有的生产模式已经很难维持原有的生活水平,但这部分牧民因自身能力不足而无法实现城镇化,只能"被迫"选择继续在草场定居,并且通过贷款、大量抛售牲畜等方式暂时维持生计。

　　**从政府角度来看**,危房改造、院落修护等工程措施,为牧民最基本的居住生活需求提供了保障;基础设施建设的逐步推进,为牧民接触现代化、信息化生活提供了必要条件;村卫生室等的建设也在一定程度上满足了牧民日常的看病需求。政府的相关发展政策及措施在尊重草原文化、考虑牧区居民定居意愿的前提下,致力于提升牧民的生活质量与水平。

　　但在快速发展的时代面前,大规模的草场分散定居不可避免地产生了巨大的建设发展需求,以生产生活物质设施建设以及公共服务配套为主的建设缺口使得政府很难在短时间内进行资金匹配,现有的投资建设仅能暂时在某些方面取得较好的成果(如牧民定居房屋更新改造),而更为重要的基础设施及服务设施的配套仍然缺乏符合草原定居实情的解决方案。因此,草原分散定居的牧民仍然需要在一定的时间段内面对落后的生产生活环境(草原定居的牧民需要"忍受"生活服务和基础设施上的不便以及因子女就学而带来的家庭分隔等问题),以及日渐恶化的草原生态环境。

　　同时,大规模草原定居格局之下的畜牧业发展也存在隐患。现实中家庭小牧场的经营模式不仅出现了收入危机,同时还与草原生态保护之间存在冲突。政府仅在生产设施建设上提供一定帮助,牧民的畜牧业生产模式并没有发生改变。并且,面对资金周转困难等问题,贷款融资等方式只能解决短时间内的问题,对于牧民的持续发展不仅没有帮助甚至存在较大隐患,牧民很容易陷入"以贷还贷"的恶性循环。

图6-6  牧民完全草场分散定居

注:拍摄地点为内蒙古东乌珠穆沁旗呼热图苏木巴彦淖尔嘎查、呼特勒敖包嘎查、正镶白旗乌兰察布苏木沙日盖嘎查、伊和淖尔苏木宝日温都尔嘎查。

2) 草场半定居:在一定程度上既保留了牧区乡村原有的状态,又逐步开始向城镇化迈进,但牧民就业仍然是个难题

草场半定居的牧民很大程度上是在原有草原生活状态难以为继,生产生活生态条件都较为恶劣的情况下(草原沙漠化、草场退化严重等),出于对更优质生活的追求,比较了原有定居状态与集中定居生活情况之后做出的定居决策。牧民主动(政府提供游牧民集中定居点选择)或被动(强制性生态移民或贫困移民)地进入了集中定居点或城镇生活定居。政府在促进牧民集中定居的过程中,提供了可选择的条件与机会,通过政策引导以及物质资金扶持等方式,逐步推进城镇化进程。

**草场半定居分为草场—集中居民点半定居与草场—旗县半定居。**

选择草场—集中居民点半定居的牧民多为家庭草场规模小或草场质量退化严重,家中"无畜、少畜"的牧民,虽然同样面对畜牧业经济收入严重下滑,但政府投资建设的游牧民集中定居点或生态移民定居点为这部分牧民提供了选项(无论是主动搬迁或是政策强制搬迁),其可以不用继续"固守"草场,忍受生活质量与经济收入下降的双重打击。但同样受到传统文化习惯影响以及牧民自身素质的限制,这部分牧民仍然无法完全放弃畜牧业。在牲畜

数量减少,家庭牧场的经营已经不需要大量劳动力投入的情况下,牧民会选择把家中老人与儿童安置在集中居民点享受较好的居住条件,只留青壮年劳动力继续在草场放牧。但这种模式对牧民的生活条件的改善也只是暂时的,牧民仍然需要通过其他方式补足因畜牧业收入下滑带来的收入空缺,否则也容易陷入"因居致贫"的局面。

选择草场—旗县半定居的牧民大部分是因其牧场与旗县的空间距离较近,往来交通成本较低,客观条件为其提供了选择;另一方面主要是其家庭除了小规模的畜牧业生产之外,可以通过其他的产业经营来补足因"限牧、禁牧"而减少的畜牧业收入,从而平衡家庭收支,实现家庭在旗县的半定居;在此基础上,方便照顾子女就学也是推动牧民家庭逐步实现城镇化的主要原因。

游牧文化使得草场半定居模式在一定程度上仍然保留着原有牧区乡村生活的状态:富有民族特色的房屋风格、传统宗教文化活动以及一切日常生活习惯,同时集中定居点还提供了更为安全的居住环境,相对完善的基础设施建设,以及更加现代化的生活品质。可以说除了畜牧业生产之外的一切传统习俗都能够得以保留。

但草场半定居面临的最重要问题是畜牧业的发展或者说牧民未来就业问题。无论是草场—集中居民点半定居或是草场—旗县半定居(图6-7),牧民在放弃草场定居后,传统就业方式的改变势必导致牧民家庭日常收入无法得到保障。牧民自身技能的落后与政府就业转移扶持力度的欠缺,使得牧民就业转型成为草场半定居模式下最棘手的问题之一。从基层干部的访谈中得知,牧区乡村就

图6-7 草场—集中居民点半定居

注:拍摄地点为青海省同德县尕巴松多镇科日干村、德什端村。

业转移还未能达到预期中的效果,牧民因集中居住或城镇化居住而"失业致贫"的现象也时有发生。因此,虽然草场半定居是实现牧区城镇化的中间环节与必要环节,但从现实问题角度出发,牧民出于对自身家庭发展的考虑,仍未出现大量的半定居现象,而政府出于稳妥发展的考虑,也仅在部分地区展开试点,并没有大规模地强制执行集中定居的政策。

图 6-8  草场—旗县半定居

注:拍摄地点为内蒙古镶黄旗宝格达音高勒苏木塔里宝尔嘎查。

3) 完全城镇化定居:大部分牧民实现现代化的途径

当下,大部分实现完全城镇化的"牧民"都在早年接受了现代化教育,已经从牧民的身份转为城镇人口,并且在实现城镇化的过程中有能力脱离传统畜牧业,从而转向其他各类工作以实现个人发展。这部分牧民在牧区发展过程中,为连接牧区乡村与城镇起到了重要的作用。

政府长期对于牧区教育事业的支持为一代又一代的牧民提供了走出乡村的机会。与过去相比,牧民接受教育的程度逐步提高,其接触现代化生活的机会也日益增多。现阶段,虽然总数不多,但青年一代牧民已经逐渐开始实现城镇化,相比于传统牧区乡村辛劳的畜牧业生产与落后的生活设施,现代化、城镇化的生活方式对于青年一代牧区居民更加有吸引力。并且受教育水平更高的青年一代在城镇就业过程中有更多的选择。

牧民在实现城镇化的过程中,也为牧区乡村的建设发展带来了新的机会:草原畜牧业人口的减少不仅缓解了草原生态保护的压力,同时草场的承包转移也为未来"大牧场"的发展提供了可能性。并且,牧区乡村人口的减少,也能在一定程度上节省政府在乡村物质建设方面的硬性开支,为资金的更有效使用创造机会。

从调研结果来看,虽然当代牧民的城镇化意愿并不高,但牧民期望子女进入城镇生活的比例非常高,有72%的调研牧民希望子女进入县及县以上的城市生活,对于下一代甚至下几代未来发展的期望已经逐渐由"继续从事畜牧业"转为"进入城镇工作"(图6-9)。牧民思想意识的转变说明了未来城镇化建设道路虽然漫长,但仍然需要加大建设力度,为未来几代的牧民提供选择机会。

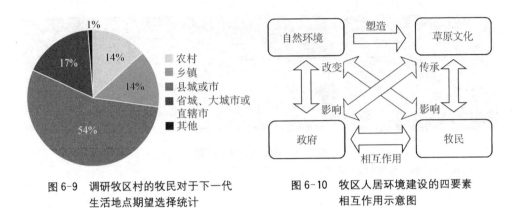

图6-9  调研牧区村的牧民对于下一代
生活地点期望选择统计

图6-10  牧区人居环境建设的四要素
相互作用示意图

## 6.6  小结

综上所述,在牧区自然条件、传统游牧文化、政府政策与牧民自主发展选择等因素的交互作用之下,形成了牧区乡村整体定居择业格局,展示了牧区乡村人居环境建设特征,也导致了现实的发展困境。

草原自然环境为游牧文明发展带来了资源,也带来了挑战。由于自然环境的特殊性(气候、海拔、纬度等条件),自古以来牧区发展就处于不断对抗自然、适应自然和改变自然的过程中。牧区乡村人居环境建设的各项特征在应对自然环境的过程中逐步形成。游牧文化从古至今伴随着牧区发展演变,在逐代传承中深入牧区的各个角落,独特的宗教信仰、思想理念、世界观、价值观以及生产生活习惯等从非物质层面对牧区乡村发展建设产生了重要影响。政府在牧区发展建设过程中起到了重要的推动作用,早期宏观发展政策改变了传统牧区游牧部落的组织构架,为牧区乡村的发展重新确定了方向、奠定了基础,随着时代的进步,政府从不同角度出发,对牧区乡村的发展方向与重点不断地进行调整,为牧区乡村人居环境建设提供必要的物质支持与政策引导。牧民作为牧区乡村发展主体，也是牧区乡村人居环境建设的主要作用对象，其发展诉求的表达对于人居环境建设的作用不容忽视，牧民自下而上的定居择业直接影响了牧区乡村人居环境的建设特征，并导致了一定的发展困境。在牧区乡村人居环境建设的过程中，四方面要素之间的相互作用，共同呈现出人居环境的各方面特征与困境。

游牧文化塑造了牧民的生产生活习惯以及思想理念。在游牧文化影响下，大部分牧民仍然倾向于继续留在草场生活定居，出于对牧民自下而上的定居意愿考量，现阶段政府对于牧区乡村发展的引导扶持更多的是在牧区乡村物质建设投入方面，致力于提高牧民的生产生活质量。反之，逐步提高的生产生活品质又进一步加强了牧民继续留在草场定居的意愿。

牧区乡村建设投资巨大、公共服务及基础设施建设相对滞后，畜牧业产业面临收入波动的风险，草场分散定居模式下，这些问题很难在短时间内解决。并且，随着人为因素的大量介入，草原生态环境遭受严重破坏，为人居环境的可持续发展带来了新的困境。

长远来看，城镇化推进仍然是政府对于牧区乡村发展的主要导向。考虑到游牧文化传承、牧民就业稳定转型等因素，政府选择长期且分阶段的谨慎城镇化发展策略。除了继续为牧区乡村物质建设（房屋建设、畜棚建设、人工草场建设、通路、通电、通宽带等）投入大量资金、确保牧区乡村生活、生产、生态三方面的协调共生、持续发展之外，政府还通过草原生态保护政策（禁牧、限牧等）对牧民畜牧业的约束，公共服务设施（主要为中小学校、医院等）向旗县集中建设，以及对于牧民再就业的培训指导等方式，逐步把牧区乡村牧民向集中定居、城镇定居引导。随着经济社会的快速发展，草场定居已经逐渐无法满足牧民日渐增长的生产生活需求。草原分散定居很难满足牧民子女的就学、牧民家庭的就医养老以及最基本的生产生活需求（用水、用电、互联网通信等等），日趋下降的畜牧业收入以及继续恶化的草场环境已经逐渐开始影响牧民正常的生活。因此，在政府的有意引导之下，牧民选择（主动或被动）集中定居或城镇化定居的比例逐渐增加。

但集中定居和城镇化定居遇到的最大问题是牧民传统的生产生活观念与习惯并非一朝一夕能够改变。集中定居点的建设模式是否适合牧区乡村，并使牧民能够顺利实现城镇化,还有待进一步研判。同时,与农区农民相比,牧民的就业转型更加困难,这就导致城镇化的牧民需要承担更大的失业风险。

在草原自然环境和游牧文化的影响下,政府出台的各项政策自上而下地影响了牧区乡村的整体建设格局,牧民的定居择业自下而上地反映出牧民的发展诉求,自然、文化、政府与牧民相互作用的过程中,呈现出牧区乡村基本的定居择业格局。定居择业格局所带来的物质、文化、社会等各方面建设结果,展现了牧区乡村人居环境建设的种种特征与诸多困境。

# 7 牧区乡村人居环境提升策略

国家城镇化、现代化建设水平快速提高的当下,我国牧区乡村人居环境面貌已经出现了显著变化。但面对复杂的现实环境与长期积累的历史欠账,牧区乡村人居环境质量的提升所遇到的问题与困境不容忽视。虽然短时期内很难同时解决所有的问题,但政策的优化是一个持续的过程。作者基于国内外的实地踏勘及访谈经验,结合文献知识的补充,尝试提出牧区乡村人居环境提升的若干策略。

## 7.1 借鉴国际经验,重视畜牧业发展

总结国外乡村建设经验,发达国家乡村人口结构与我国有较大差异,欧美、日韩乡村从事农业的人口比重非常少,基本维持在乡村居住人口的 10% 以内,大部分生活居住在乡村地区的居民已经不是"农民";并且,发达国家乡村地区基础设施建设水平较高、覆盖面广,城乡之间公共服务基本实现均等化,乡村地区基础设施的完善程度与城市地区不相上下,为城乡一体化发展提供了良好的平台。

世界各国由于自然经济条件差异较大,在畜牧业现代化过程中逐步形成了不同模式和道路(现代畜牧业课题组,2006),具体包括:现代草地畜牧业,代表国家如澳大利亚和新西兰;大规模工厂化畜牧业,代表国家如美国;适度规模经营畜牧业,代表国家如荷兰、德国和法国;集约化经营畜牧业,代表国家如日本、韩国。

对于我国牧区乡村发展来说,畜牧业生产模式的借鉴是重要的环节。在畜牧业经营方面,澳大利亚等国家走在前列,修登道普(Suijdendorp,1980)对于澳大利亚西部地区的研究表明,在澳大利亚畜牧业发展的过程中,传统土著人的优秀经验对于殖民早期澳大利亚畜牧业的起步提供了较大的帮助;并且在畜牧业不断发展的过程中,澳大利亚畜牧业产品的结构由以绵羊为主,逐渐转变为以牛

为主,畜牧业产品更是趋于丰富,逐渐形成了完整的畜牧业产业链。潘建伟(2003)总结了澳大利亚畜牧业的产业经营特征:畜牧业可持续发展在社会经济发展过程中的重要作用得到高度重视;具有完善的畜产品安全管理体系;畜产品生产者直接参与流通;重视草原畜牧业科学研究和科技人才的培训,科研服务体系健全;采用灵活变通的农业保护政策。

澳大利亚从殖民时期开始,便是一种畜牧业人口低、牲畜养殖数量多的大牧场生产状态。其牧业生产现代化的起因,一方面是英国殖民者受工业革命影响,大量引进机械工具;另一方面则是殖民早期,畜牧业生产劳动力严重稀缺,因此畜牧业生产过程中的大量工作需要通过机械来完成[①]。因此,长久以来澳大利亚畜牧业人口的比重都非常低,而现代化、机械化、信息化的程度不断提高。

日韩畜牧业的发展特点也很突出,具体表现为:畜牧业基础地位突出,政策扶持力度大;畜牧业集约化、规模化程度越来越高;高度重视畜产品质量安全;日益关注饲料安全问题等(杨昌明等,2012)。在这一过程中,政府在资金和技术等方面的高度扶持对促进畜牧业现代化转型发挥了不可替代的重要作用。在日本畜牧业生态经济系统生产过程中,牲畜、养殖设施、器械等固定资产投入占政府总投入的80%,这种高投入的集约化生产方式使得日本畜牧业养殖场数量不断减少,规模不断扩大(王果,2019)。

我国牧区乡村发展建设与畜牧业发展关系密切,因此,发达国家在畜牧业发展以及乡村建设方面的优秀经验对于我国牧区乡村人居环境建设有着很强的借鉴意义。

首先,畜牧业的可持续发展在社会经济发展过程中的重要作用得到高度重视。在上述发达国家,政府对于畜牧业发展扶持力度极大,不仅农业保护政策十分灵活,且各项扶持补贴保证了畜牧业生产者的利益(澳大利亚畜产品生产者直接参与产品流通、日本对生产者提供直接补贴)。

其次,高度工业化推动了畜牧业生产流程的标准化。不论是澳大利亚的现代大牧场模式,或是日韩的集约化、规模化的生产模式,高度现代化、机械化、信

---

① http://www.australia.gov.au/about-australia/australian-story/austn-farming-and-agriculture,2017年1月10日登录。

息化及规模化的经营模式都是现代畜牧业高效生产的前提。并且,在澳大利亚及日韩等国家,政府重视草原畜牧业科学研究和科技人才的培养,通过不断健全畜牧业科研服务体系来维持畜牧业的高水平发展。

最后,政府对于畜牧业产品安全高度重视,完善的畜产品生产安全管理体系保障了畜牧业经济的健康发展与出口渠道的稳定。除此之外,提高牛羊在畜产品结构中的比重,大力推广牛羊肉、奶制品的生产销售,有助于改善全民的营养结构与健康水平。

从国外牧区乡村的经验借鉴中可以看出,以提高畜牧业整体发展水平和牧民经济收益为切入口,是提升我国牧区乡村整体人居环境建设的可行路径。在此过程中,城镇化仍然是我国牧区乡村发展的重要议题,减少畜牧业人口、提高牧民生产生活技能、提升畜牧业生产效率仍然是实现牧区健康发展的关键。同时,牧区乡村地区生活性与生产性基础设施建设需要继续推进,从政策制定到产业引导,全方位改善牧区乡村的人居环境与建设水平。

## 7.2  尊重牧民意愿,稳步实现现代化

随着老一辈牧民的老去,牧区乡村人口数量必将减少,牧民实现现代化、牧区推进城镇化是现实发展的大趋势,也是未来牧区乡村发展的必然结果。这意味着,即使不去快速推进牧区的城镇化建设,牧区的城镇化水平也会提高。

牧区乡村相比农区乡村更加特殊,其深厚的草原文化影响了一代又一代的牧区居民,城镇化对于大部分牧民来说更是需要时间来接受的"新鲜事物",强制性、短期性、政绩性的城镇化推进势必会造成对传统牧区乡村更加严重的破坏。分阶段、稳步实现城镇化才是牧区乡村发展的正确选择。

首先,游牧民集中定居建设要充分尊重牧民的选择。分散居住是长期以来牧区乡村保持的定居模式,其背后混杂着生产、生活、文化等多方要素的相互作用。对牧民的强制性集中定居,是违背其正常生产生活意愿的"粗放决策",缺乏对牧民个人意愿的尊重与各方面发展制约的考虑,与农民集中"被上楼"的结果相似,不加控制地快速集中定居建设,很容易导致"双输"局面(政府投资浪费,牧民依旧贫困)。

其次,牧民的就业转型需要长期扶持。牧区发展过程中,对于牧民的再就业培训因投入力度不大而效果不佳,通过生态移民、被"强制"集中居住而放弃畜牧业的牧民很难通过其他就业方式获得稳定收益。现实情况表明,短期性为了完成政绩目标而出现的强制性牧民转业,实质上损害了牧民的基本利益。牧民的就业转变关乎牧区城镇化的建设水平,直接影响了牧区乡村的整体发展,并非一朝一夕能完成,只有依靠教育、再教育以及各类技能培训来逐步提高牧民自身素质水平并引导其接受城镇化的生产生活模式。

再次,要重视牧区草原传统文化的传承。课题组在我国其他地区农村的调研经验表明,大量现代化要素的快速涌入,使得这些地区的传统文化破坏消失严重(张立等,2019)。虽然牧区草原文化因其自身的完整性,在牧区发展的过程中传承保留较为完整,但仍然要警惕快速推进的城镇化建设以及现代化要素对于牧区文化的冲击影响。

最后,戍边需要一定数量的牧民散居。国家在一定时期内仍然需要在一些边疆国界地带的牧区留存一定数量的居民,守卫我国的疆土和国界。大规模地减少牧区乡村人口在政治上容易引发损害国家利益的争端。

因此,尊重牧民自身意愿,充分考虑牧民生活、牧区生产、草原文化、草场生态等各重要因素之间的关系,以稳妥的节奏分阶段地推进牧区城镇化建设,逐步实现牧区建设和牧民生活的现代化,才是牧区乡村人居环境改善以及发展建设应该遵循的正确道路。实际上,随着城镇化建设的推进与畜牧业规模化的形成,牧区乡村人口最终会达到一个较为稳定的均衡状态。

## 7.3    重视牧区镇的服务作用,提高设施使用效率

重视牧区镇在牧区乡村发展过程中的作用。随着小城镇建设的步伐逐渐加快,我国东部许多小城镇已经取得了较好的发展成效。通过全国调研的数据可以看出,在被问及在"镇或是城市"二者中选择一个理想居住地时,有39%的村民选择了镇,这从侧面也反映出了小城镇建设对于乡村居民已经形成一定吸引力。但当下牧区镇的建设发展滞后,对于牧区乡村的服务能力尚需提升,建设面貌甚至不如经过新农村建设后的牧区乡村。相比于全国数据,仅有28%的牧民会选

择镇作为未来居住地,相比于镇,更多的牧民会选择城市。在牧区高度分散的定居格局之下,镇是距牧民居住空间距离最近的服务点,从服务效率的角度来看,是满足牧民正常生活需求的最便利的方案。因此,要提高牧民的生活质量、改善牧区乡村的人居环境,需要强化牧区镇的建设水平与服务能级。

图 7-1　内蒙古苏木镇面貌
注:拍摄地点为内蒙古东乌珠穆沁旗呼热图苏木、正镶白旗乌兰察布苏木。

　　牧区乡村人居环境的改善仍然需要继续提高公共服务设施和基础设施建设水平。虽然设施建设的投资效率相对较低、短时间内看起来收益低,但对于长期的城镇化目标来说,却是极为必要的。基础设施建设水平的提高,有助于解决牧民生产生活需求与落后的牧区乡村现代化发展水平之间的矛盾,是牧区乡村发展建设逐步实现现代化、信息化、机械化的基石,也是促使牧民思想逐渐开放、增加牧民生活选择的城镇化推动力。

　　国家需要继续推动现代化教育在牧区的普及,并调整教育策略。虽然同改革开放初期相比,义务教育对于牧区乡村的改变已颇有成效,但从实地调研的结果来看,在代际传承的过程中,通过教育走出牧区乡村、实现城镇化转变的牧民仍然只是少数,大部分受教育水平不高又无其他技能的牧民青年仍然会回到草场,继续从事畜牧业。因此,针对牧区乡村适龄儿童教育基础相对较差的情况,一方面需要继续提供普适性教育,另一方面可以增加职业技术学校面向牧区地区的招生份额,使得无法通过义务教育脱离畜牧业的青年牧民能够获得其他产业技能,并走出乡村、实现城镇化。

## 7.4  创新机制,逐步向现代化大牧场转型

我国牧区乡村家庭小牧场的生产经营模式需要转变,现代化大牧场的规模化、机械化、产业化经营模式是未来的必然趋势,但产业的转型升级是伴随着城镇化推进的一个长期的过程。张英俊(2004)认为未来的中国式牧场应兼备多功能与现代化这两个基本属性,同时它也必须适合中国的国情,此外,新型的牧场应当具备有机农畜产品生产、地方经济活化、环境保护、休闲娱乐及教育科普等主要功能。

从我国牧区的现实来看,畜牧业的发展需要往集体组织的方向引导,并且牧区乡村从事畜牧业的人口需要减少①。现有牧区乡村的生产单位数量过多,无法形成一个高效的生产集体,也跟不上市场需求的变化,因此一个牧区村可以通过合作社的形式,集中为 1~2 个大型牧场,引入新技术、新理念,提高机械化、信息化生产水平。此外,对大跃进时期集体生产模式为畜牧业发展带来的各种问题要引以为戒。牧区乡村从事畜牧业的人口需要减少,避免劳动积极性降低、拿钱不干活等搭便车现象的出现。

由于当下牧区生产合作社的发展情况并不乐观,牧民思想观念转变困难、牧民转移安置存在问题,家庭小牧场的规模化转型将有很长的道路要走。一方面,政府需要继续强化生产合作社的运营机制,不遗余力地推动合作社在牧区乡村的正常运作;另一方面,牧区乡村需要加强基层组织工作,强化牧区乡村"自组织机制"在人居环境建设中发挥的作用。通过培养扶持乡村"能人",逐步向广大牧民集体沟通传达较为先进的生产发展理念,逐步引导牧民向集中生产转型。

在逐步转型的过程中,除了着眼于畜牧业整体的产业发展,政府还可积极鼓励牧区乡村能人自主创业、自发转型。顾自林(2018)和何劲(2018)指出,牧区除了畜牧业之外,需要把发展特色产业、推进全域旅游和保护生态环境等工作结合起来,重视建立与乡村发展相适应的就业培训和服务体系,扎实开展牧区乡村劳动力技能培训,造就一批有文化、懂技术、会经营的新型牧民。从实地调研的案

---

① 这个过程可能需要长达 2~3 代牧民的传承才能逐渐完成。

例中可以看出,牧区乡村自发的产业转型已经开始出现。从资源条件来说,牧区所蕴含的潜力巨大,不论是民族文化、宗教传统,还是自然生态、地理环境,牧区乡村可以发掘的内容都很丰富。因此横亘在牧民就业转变和产业升级之间的问题主要在于牧民传统思想的改变,这还需要很多细致的工作。

例17:青海省泽库县和日乡和日村。依托200年历史的和日寺,和日村在泽库县政府支持下,全村开展石雕产业,现已具备石雕艺术产业的初步规模,村民基本都会石雕手艺,基本已经实现了畜牧业产业转型。石雕所用石材均为本地所产,其手艺与物质载体对于发扬传统藏族文化、推动牧民定居后的产业转型都有较大帮助。

例18:青海省泽库县宁秀乡赛龙村。赛龙村发展相对较好,村中"能人"众多,带头致富的效果较明显;村中除了畜牧业,还有羊毛被加工厂、藏袍加工厂等产业,都为本村村民自发经营,其中羊毛被加工厂为村中大学生返乡创业成立,解决了村中的部分剩余劳动力就业问题。

例19:青海省同德县尕巴松多镇贡麻村。受限于语言问题,高原牧区的年轻人很难去较远的地区学习,从贡麻村的调研了解到,牧区有部分青年人在西北民族学院学习制作"唐卡",这对于传承正统的藏区文化意义重大,并且还能为这部分牧区居民带来一定的经济收入。

## 7.5　优化政策设计,切实保护草原生态环境

草原生态保护不能仅仅只从生态保护的角度出发,需要综合考虑畜牧业生产、牧民生计等问题。草原修复、治理要严格遵循草原生态系统的生态规律和经济规律,切合草原牧区的客观实际,立足于坚持不懈、持之以恒、千秋大计(王关区,2018)。政策设计要理解放牧系统管理的复杂性、渐进性和季节性等特点,是防止草地退化、提高草地家畜生产能力的关键(张英俊,2012)。因此,建立合理的草畜匹配发展模式,是草业和畜牧业可持续发展的保障。

　　首先,从政策制定的角度出发,需要进一步优化草原生态补偿政策。通过将生态补贴和草原保护效果挂钩,促使牧民合理利用草原,并参考牧草监测结果以及畜牧业市场行情等要素动态调整补贴标准,通过保证牧民的正常收入水平来引导牧民主动减少牲畜、保护草场。草原生态补偿政策实施使得草场面积较少、草场质量较差的牧户受到更大影响,因此还需要完善牧区各项社会保障制度,保证生态保护政策既能在未来长期的发展中取得成效,又能确保短期内牧民的正常生计不受影响。

　　其次,草原生态的持久保护可以通过实施分类管理机制,降低管理难度,提高管理效率。可以尝试推广将草原分为生态草场和畜牧草场两类:生态草场注重草原生态建设与维护管理,并将其作为维持草原生态平衡的底线;畜牧草场充分发挥牧民的主观能动性,通过合理的补贴与引导,鼓励牧民自发地维护草场生态安全。

　　最后,要重视村(嘎查)在草原生态保护中的重要作用,探索"管村—村管"的生态补偿运行机制。对项目、政策受益农牧户,采取禁牧、草畜平衡履责奖惩机制,管护资金补贴与责任履行相挂钩,做到责权统一,奖优罚劣。既要鼓励科学利用草原的牧民,又要加大对超载过牧牧民的惩罚,以有效遏制超载过牧现象。要把草原生态恢复成效作为各项政策和投资实施考核的评价标准。

　　除了对于草原生态的直接保护政策之外,草原地区完善的公共服务保障体系的建设、草料科学的发展、草原防灾救灾机构的建立、草原建设财政转移支付体系的完善以及相关作业人员的培养培训等等工作都需要更加完善且全面的机制建设。

　　草原生态保护刻不容缓,其直接关乎我国大区域生态环境安全,也影响我国畜牧业经济的正常发展,需要全方位、多角度地考虑可行的保护政策与实施机制。

# 8 结　　语

　　总结国家层面与各牧区省(自治区)层面的政策可以看出,早期由于乡村工作量大面广等诸多原因,国家对于牧区乡村人居环境建设重视不足,通过简单复制农区乡村的政策用于牧区乡村所遇到的阻力较大。从改革开放至今,牧区乡村各项政策的核心是草场确权。总体来看,国家政策对于牧区的建设引导分为四个阶段:1980年代的草场确权期,1990年代的自由发展期,2001—2007年的畜牧业转型期和2008年后的生态保护和人居环境建设期。国家各个层面对于牧区整体发展的重视程度在不断增强,思路也逐渐清晰。从最初单一的以草场家庭承包制度为主的牧区经济体制改革,到向草原生态保护与畜牧业发展平衡的理念转变,我国牧区乡村已经基本进入到以生态保护和人居环境建设为主的综合发展阶段。而不同牧区省份因其自身条件的不同,选择采用不同的实施办法去呼应和落实国家不同时期发布的各项牧区政策。

　　相比于农区乡村,我国牧区乡村人居环境更具特点,且形成机制复杂。"三生(生活、生产和生态)"框架较为全面地展示了牧区乡村人居环境的基本特征。

　　生活方面,牧民基本脱离了游牧状态实现定居。在草场承包到户的目标导向下,牧区乡村已经形成了较为稳定的定居格局:以草场分散定居为主、集中居住为辅、城镇化缓慢推进。同时,游牧文化体系得以较为完整地传承,传统的生活习惯、文化习俗等基本得以保留。但是,牧民生活质量仍然较差,现阶段仅仅在房屋更新改造方面取得了一定成效,而基础设施建设与公共服务设施配套依然滞后,牧区乡村现代化、信息化水平严重不足。并且,受制于高度分散的定居格局,牧区乡村的各项建设需要投入的资金量巨大、困难很多。

　　生产方面,畜牧业是牧区最重要的产业,融入牧民血液,不可分割。自改革开放初始,国家政策提出要实现草场确权、承包到户,畜牧业的生产方式逐步由集体时期的游牧转为"定居定牧"。牧区乡村发展至今基本上实现了草场分包到户的目标,随着草场承包到户而产生的家庭小牧场生产经营模式也沿袭至今。

但是,家庭小牧场生产经营模式存在生产规模小、机械化程度低、劳动力投入大、资金流转不灵便、牧民家庭抵抗风险能力差等问题;近几年牧民收入大幅下降,甚至出现家庭破产危机。牧民受限于自身文化水平和就业技能以及客观就业环境,很难在短时间内实现就业转变。更为严重的潜在隐患是牧民贷款问题,还款周期短、牧民资金回流不及时,导致了许多地区都存在"以贷还贷"的现象,很容易导致牧民"因贷致贫"。

生态方面,受较差的气候条件与生态环境的影响,脆弱的草原生态是牧区发展需要长期面对的现实与挑战。同时,牧区各类自然灾害与生物灾害时刻影响着牧区乡村的生产生活发展。而伴随大量人为要素的介入,草原的生态更是遭受很大的破坏,草原退化仍然在持续。然而,现有政策实施机制亦有明显不足,生态保护效果不佳。牧区草原生态环境的好坏直接关系到牧区畜牧业的可持续发展,以及我国区域生态大环境的安全格局,意义重大,不容忽视。

牧区乡村人居环境建设的特征鲜明,困难较多,且形成机制复杂,要素之间相互影响、相互制约。在草原特殊的自然环境背景下,牧区乡村发展面临更多的困难(资源匮乏、气候恶劣、经济结构单一等),并且牧区乡村自身的局限性决定了其内生发展动力不足,需要外部力量的帮助扶持。因此,在牧区乡村的建设发展过程中,政府的力量起到了宏观把控、大力扶持的作用,但牧民自下而上的发展意愿诉求同样不容忽视。在相关决策过程中,草原物质环境(自然条件)与非物质环境(传统草原文化)对政府的政策制定以及牧民的自主选择有较大的影响,并且,政府的宏观决策与牧民自主意愿之间也存在交互作用。

从政府的角度来看,在考虑牧民的生活质量、生产能力以及整体生态环境等各方面因素后,对牧区乡村提供的各项建设扶持主导了牧区乡村的各方面发展;并且,牧民对于政策的回应,以及在政策实施过程中做出的各类选择,对于政府同样是一种影响与反馈,帮助决策者更好地选择下一步的建设目标和发展方向。

在传统草原文化的影响下,牧民从考虑自身生活模式、畜牧业发展条件以及草原生态质量的角度,决定定居择业的模式。在此过程中,政府对于牧区乡村的各项物质建设与政策扶持在提升人居环境的同时,也影响了牧民的定居择业结果。

所以,在牧区乡村人居环境形成的过程中,草原自然条件是客观的物质环境,为牧区乡村发展带来资源与挑战;游牧文化根深蒂固,影响深远,贯穿始终,参与决策的每个过程;政府的投资建设塑造环境面貌,牧民的自主选择确定基本空间格局,政府的政策引导与牧民的自主选择相互影响,不断协调改进。

综上,牧区乡村人居环境建设的特征及困境的形成机制可以解释为:在牧区自然条件要素与传统游牧文化要素的影响下,政府宏观策略与牧民自主发展选择相互作用,相互影响,通过塑造牧区乡村整体定居择业格局反映人居环境建设的特征与困境。

最后,借鉴国外牧区发展建设的先进经验,尝试对我国牧区乡村人居环境建设提出若干建议。第一,实现现代化是牧区乡村发展不变的主题,并且,牧区乡村现代化建设的推进不能追求速度、盲目冒进,需要在充分考虑牧民城镇化意愿、牧民就业转业、草原生态保护、边疆国土安全等各项要素之后,分阶段、长期稳步地推进城镇化建设。第二,在牧民生活质量提高方面,牧区镇需要加强建设,提高服务能力,实现对牧区乡村的带动作用。继续推进牧区乡村的基础设施与公服设施建设,这是牧区乡村实现现代化、信息化、城镇化建设的重要基础。第三,在产业发展方面,政府需要引导牧民家庭牧场向现代化大牧场转型,同时鼓励创新,以创新的政策机制发动牧民主观能动性。第四,在生态保护方面需要从政策优化设计着手,继续切实保护草原生态环境。

# 参 考 文 献

［1］ LITTLE P D，BEHNKE R，MCPEAK J，et al. Future scenarios for
pastoral development in ethiopia，2010-2025 report number 2 pastoral
economic growth and development policy assessment，ethiopia［J］.
2010.

［2］ MILLER D. 游牧民族的本土知识及经验对中国西部草原牧场发展策略的
重要性［J］. 草原与草坪，2001(4)：41-42.

［3］ SUIJDENDORP H. Pastoral development and research in the pilbara
region of western australia［J］. Rangeland Journal，1980，2（1）：
115-123.

［4］ 阿德力汗·叶斯汗. 游牧民族定居与新疆草原畜牧业现代化研究［J］. 新疆
社会科学，2003(5)：61-68.

［5］ 阿利·阿布塔里普，汪玺，张德罡，等. 哈萨克族的草原游牧文化（Ⅱ）——
哈萨克族的游牧生产［J］. 草原与草坪，2012(5)：90-96.

［6］ 包晓斌. 内蒙古草原生态补偿机制研究［J］. 改革与战略，2015（6）：
115-120.

［7］ 包玉山. 蒙古族古代游牧业与农业——兼评畜牧业落后论［J］. 内蒙古师大
学报(哲学社会科学版)，1999(1)：21-26.

［8］ 包智明，孟琳琳. 生态移民对牧民生产生活方式的影响——以内蒙古正蓝
旗敖力克嘎查为例［J］. 西北民族研究，2005(2)：147-164.

［9］ 财政部网站.http://www.mof.gov.cn/xinwenlianbo/neimenggucaizheng
xinxilianbo/201405/t20140528_1085203.html,2016 年 12 月 22 日登录。

［10］ 曹叶军，李笑春，刘天明. 草原生态补偿存在的问题及其原因分析——以锡
林郭勒盟为例［J］. 中国草地学报，2010(4)：10-16.

［11］ 陈玮，马占彪. 青海藏区社会主义新农村新牧区建设的模式及对策研究［J］.
中国藏学，2008(3)：187-193.

[12] 陈永泉,刘永利,阿穆拉.内蒙古草原生态保护补助奖励机制典型牧户调查报告[J].内蒙古草业,2013(1):15-18.

[13] 陈玉福,刘彦随,阎建苹.论我国草原牧区畜牧业与乡村发展[J].地理科学进展,2005(3):17-24.

[14] 崔延虎.游牧民定居的再社会化问题[J].新疆师范大学学报(哲学社会科学版),2002(4):76-82.

[15] 达林太,郑易生.真过牧与假过牧——内蒙古草地过牧问题分析[J].中国农村经济,2012(5):4-18.

[16] 丁恒杰,绽永芳.青藏高原牧区发展现代草原畜牧业存在的问题与对策[J].草业与畜牧,2011(5):53-56.

[17] 丁文强,侯向阳,刘慧慧,等.草原补奖政策对牧民减畜意愿的影响——以内蒙古自治区为例[J].草地学报,2019,27(2):336-343.

[18] 段庆伟,陈宝瑞,张宏斌,等.草原畜牧业发展的理论与政策探讨[J].草原与草坪,2012(6):67-73.

[19] 范明明.一个"成功"游牧民定居工程背后的资源困境[J].中国农业大学学报(社会科学版),2019,36(1):70-79.

[20] 方毅才.甘肃草原蝗虫现状与防治对策[J].草业科学,2009(11):157-160.

[21] 冯莉,楚亚伟.浅谈新疆牧民定居存在的问题与对策[J].世纪桥,2010(9):63-64.

[22] 冯晓龙,刘明月,仇焕广.草原生态补奖政策能抑制牧户超载过牧行为吗?——基于社会资本调节效应的分析[J].中国人口·资源与环境,2019,29(7):157-165.

[23] 高永久,邓艾.藏族游牧民定居与新牧区建设——甘南藏族自治州调查报告[J].民族研究,2007(5):28-37.

[24] 谷宇辰,李文军.禁牧政策对草场质量的影响研究——基于牧户尺度的分析[J].北京大学学报(自然科学版),2013,49(2):288-296.

[25] 顾自林.对牧区美丽乡村建设的几点思考[J].中国畜牧业,2018(8):65-66.

[26] 关于实施农村牧区危房改造分类补助标准的通知(内建村〔2014〕636号),2014.

[27] 郭飞,戴俊生.新疆游牧民定居研究现状与思考[J].草食家畜,2018(1):

41-45.

[28] 海力且木·斯依提,朱美玲,蒋志清. 草地禁牧政策实施中存在的问题与对策建议——以新疆为例[J]. 农业经济问题,2012(3):105-109.

[29] 韩俊.调查中国农村[M].北京:中国发展出版社,2009.

[30] 韩鹏,闫慧敏,黄河清,等. 基于问卷调查的内蒙古典型草原牧区气候灾害时空格局与应对措施[J]. 资源科学,2016(5):970-981.

[31] 韩柱.牧区"四化"同步发展障碍性因素分析[J].内蒙古师范大学学报(哲学社会科学版),2015,44(3):60-62+120.

[32] 何劲.乡村振兴视野下的西藏农牧业产业发展研究[J].农业开发与装备,2018(9):16-18.

[33] 何在中,应瑞瑶,沈贵银. 青海省生态畜牧业政策效应与评价研究[J]. 中国人口·资源与环境,2015(6):174-178.

[34] 贺卫光. 甘肃牧区牧民定居与草原生态环境保护[J]. 西北民族大学学报(哲学社会科学版),2003(5):45-50.

[35] 贺卫光. 中国古代游牧文化的几种类型及其特征[J]. 内蒙古社会科学(汉文版),2001(5):38-43.

[36] 黄涛,李维薇,张英俊.草原生态保护与牧民持续增收之辩[J].草业科学,2010,27(9):1-4.

[37] 姜冬梅,隋燕娜,杨海凤. 草原牧区生态移民的贫困风险研究——以内蒙古苏尼特右旗为例[J]. 生态经济,2011(11):58-64.

[38] 康磊,佟成元.实施乡村振兴战略 推进内蒙古农村牧区三产融合[J].北方经济,2019(1):51-53.

[39] 雷振扬. 少数民族牧民定居政策实施效果与完善研究——基于新疆博尔塔拉蒙古自治州两个定居点的调查[J]. 中南民族大学学报(人文社会科学版),2011(6):1-6.

[40] 李伯华,曾菊新. 基于农户空间行为变迁的乡村人居环境研究[J]. 地理与地理信息科学,2009(5):84-88.

[41] 李晓萍. 新疆牧民定居点人居环境满意度评价研究[D].乌鲁木齐:新疆农业大学,2015.

[42] 李晓霞. 新疆游牧民定居政策的演变[J]. 新疆师范大学学报(哲学社会科

学版),2002(4)：83-89.

[43] 李政海,鲍雅静,张靖,等.内蒙古草原退化状况及驱动因素对比分析——以锡林郭勒草原与呼伦贝尔草原为研究区域[J].大连民族学院学报,2015(1)：1-5.

[44] 栗林,辛庆强,吉鹏华.内蒙古农村牧区经济发展存在问题与对策[J].畜牧与饲料科学,2014(12)：64-66.

[45] 梁景之.生物灾害的防治与社会变迁——青海省东部牧区的个案分析[J].民族研究,2008(5)：66-73.

[46] 刘建利.牧业经营方式的转变——从草场承包到草场整合[J].经济社会体制比较,2008(6)：112-116.

[47] 吕晓英,吕胜利.中国主要牧区草地畜牧业的可持续发展问题[J].甘肃社会科学,2003(2)：115-119.

[48] 麻国庆.游牧的知识体系与可持续发展[J].青海民族大学学报(社会科学版),2017,43(4)：36-40.

[49] 麻国庆.游牧民族的社会转型与草原生态——张昆著《根在草原：东乌珠穆沁旗定居牧民的生计选择与草原情结》序言[J].青海民族研究,2018,29(4)：26-29.

[50] 马林,张扬.我国草原牧区可持续发展模式及对策研究[J].中国草地学报,2013(2)：104-109.

[51] 马晓昀.坚持生态优先　实施绿色发展　扎实推进内蒙古农村牧区人居环境整治[J].北方经济,2019(4)：27-29.

[52] 那仁毕力格.萨满教对游牧文化核心价值观形成与发展的作用[J].内蒙古社会科学(汉文版),2015(2)：161-166.

[53] 那孜古丽,萨依拉·胡斯满.托里县牧民定居现状及存在问题的探讨[J].新疆畜牧业,2018,33(11)：10-13.

[54] 宁越敏,查志强.大都市人居环境评价和优化研究——以上海市为例[J].城市规划,1999(6)：14-19.

[55] 农村牧区危房改造2015—2017年实施方案,2015.

[56] 潘建伟.澳大利亚畜牧业经济特征及其启示[J].北方经济.2003(1)：32-34.

[57] 彭震伟,陆嘉.基于城乡统筹的农村人居环境发展[J].城市规划,2009(5): 66-68.

[58] 青海省发展改革委,网站 http://www.qhfgw.gov.cn/,2016 年 12 月 20 日登录.

[59] 全国畜牧总站编.中国草业统计(2017)[M].北京:中国农业出版社,2018.

[60] 双喜.内蒙古农村牧区可持续发展的制约因素分析[J].经济论坛.2009(14):109-112.

[61] 宋志娇.高寒草原家庭承包经营体制亟待创新[J].经济导刊,2015(10): 71-75.

[62] 苏小玲.青海牧区草原生态经济发展研究[D].北京:中央民族大学,2013.

[63] 唐文武.西藏草畜两业可持续发展的法律保障与政策支持[D].咸阳:西藏民族学院,2008.

[64] 田永明.内蒙古牧区发展专题调研报告[J].北方经济,2011(11):22-28.

[65] 吐尔逊娜依·热依木.牧民定居现状分析与发展对策研究[D].乌鲁木齐:新疆农业大学,2004.

[66] 吐尔逊娜依·热依木,许鹏,朱进忠,等.定居牧民经济收入现状及制约因素的分析[J].草食家畜,2005(3):11-14.

[67] 王冲,张文秀,司秀林.藏族牧区新农村建设中的非生产性问题与对策研究——基于川甘青 8 县牧民的问卷调查[J].湖北农业科学,2011(3): 610-614.

[68] 王丹,王征兵,赵晓锋.草原生态保护补奖政策对牧户生产决策行为的影响研究——以青海省为例[J].干旱区资源与环境,2018,32(3):70-76.

[69] 王关区.牧区经济发展中存在的主要问题及其对策[J].内蒙古社会科学(汉文版),2010(3):114-119.

[70] 王关区.草原牧区振兴及现代化建设的探讨[J].北方经济,2018(6):22-24.

[71] 王关区,花蕊.草原生态保护建设中存在的问题[J].内蒙古社会科学(汉文版),2013(4):163-167.

[72] 王果.国外畜牧生态经济系统发展的经验借鉴及启示[J].黑龙江畜牧兽医,2019(20):25-27.

[73] 王海春,高博,祁晓慧,乔光华.草原生态保护补助奖励机制对牧户减畜行为

影响的实证分析——基于内蒙古 260 户牧户的调查[J].农业经济问题,
2017,38(12):73-80 + 112.

[74] 王娟娟. 游牧人口定居模式的应用研究——基于甘南牧区的调查分析[J].
西北民族大学学报(哲学社会科学版),2011(1):80-86.

[75] 王力平.要素转变与精细治理:乡村振兴战略下的农村牧区社会治理[J].贵
州民族研究,2019,40(4):20-26.

[76] 乌日陶克套胡,王瑞军. 内蒙古现代畜牧业发展主导模式选择[J]. 中央民
族大学学报(哲学社会科学版),2012(6):38-43.

[77] 吴良镛. 关于人居环境科学[J]. 城市发展研究,1996(1):1-5.

[78] 吴团英. 草原文化与游牧文化[J]. 内蒙古社会科学(汉文版),2006(5):
1-6.

[79] 现代畜牧业课题组. 国外建设现代畜牧业的基本做法及我国现代畜牧业的
模式设计[J]. 中国畜牧杂志,2006(20):24-28.

[80] 向洪主编.国情教育大辞典[M].成都:成都科技大学出版社,1991.

[81] 谢大伟.新疆牧民集中定居后面临的生产、生活新困境及完善之路——基于
Y 市"L 定居点"的调研[J].新疆社会科学,2018(6):142-148 + 151.

[82] 徐伍达.民主改革以来西藏农牧区历史巨变[J].西藏研究,2019(2):44-56.

[83] 杨昌明,刁运华,柏凡,等. 日本、韩国畜牧业发展与启示[J]. 四川畜牧兽
医,2012(11):7-8.

[84] 杨春雷,代婧婧.破解草原牧区体制性难题的一把金钥匙——草地股份集体
合作经营模式之效能分析[J].中国农民合作社,2020(4):48-49.

[85] 杨奎花,马永仁,陈俊科,等.新疆草原畜牧业经营模式及转型路径研究[J].
草食家畜,2015(1):1-9.

[86] 杨理. 草原治理:如何进一步完善草原家庭承包制[J]. 中国农村经济,2007
(12):62-67.

[87] 尹东,王长根. 中国北方牧区牧草气候资源评价模型[J]. 自然资源学报,
2002(4):494-498.

[88] 尹月香. 青海省草原生态补偿政策实施困境分析[J]. 合作经济与科技,
2013(2):88-89.

[89] 游小燕.关于游牧民定居后续产业转型发展的思考与对策[J].吉林畜牧兽

医,2017,38(1):45+48.

[90] 于立,于左,徐斌."三牧"问题的成因与出路——兼论中国草场的资源整合[J].农业经济问题,2009(5):78-88.

[91] 袁世全主编.中国百科大辞典:[M].北京:华夏出版社,1990.

[92] 张立,王丽娟,李仁熙.中国乡村风貌的困境、成因和保护策略探讨[J].国际城市规划,2019.5.

[93] 张立,王丽娟,李仁熙.中国乡村风貌的困境、成因和保护策略探讨——基于若干田野调查的思考[J].国际城市规划,2019,34(5):10.

[94] 张新时,唐海萍,董孝斌,等.中国草原的困境及其转型[J].科学通报,2016(2):165-177.

[95] 张亚茜,杜富林.内蒙古牧民合作社发展现状及对策研究[J].内蒙古科技与经济,2019(11):14-15+23.

[96] 张英俊,时坤.多功能草地牧场模式[J].中国牧业通讯,2004,(23):36-39.

[97] 张英俊.内蒙古牧草产业发展之管见[J].内蒙古草业,2012,(4):15-17.

[98] 张振华,姜杰.新疆哈萨克族牧民定居与生态草原建设的良性互动关系研究——以新源县那拉提镇为例[J].云南民族大学学报(哲学社会科学版),2015,32(6):54-60.

[99] 张志民,延军平,张小民.建立我国草原生态环境补偿机制的政策建议[J].人文地理,2007(4):110-112.

[100] 赵红羽."文革"结束后内蒙古自治区草原产权制度的演变(1977—2005)[D].呼和浩特:内蒙古师范大学,2015.

[101] 赵慧颖.呼伦贝尔草原沙化现状及防治对策[J].草业学报,2007,16(3):114-119.

[102] 中国民族宗教网.谱写农牧区发展新篇章[OL].http://www.mzb.com.cn/html/report/180220890-1.htm,2018-02-07.

[103] 周毛卡.藏区牧民定居化现状及特点研究——基于玛曲县"牧民定居"工程十年的田野调查[J].高原科学研究,2019,3(4):117-124.

# 附　　录

## 附录 A　村主任问卷

| | | 现在或 2014 年情况 | 2010 年情况 | 2000 年情况 |
|---|---|---|---|---|
| 总体概况 | 行政村面积(公顷) | | | |
| | 行政村户籍人口 | | | |
| | 行政村常住人口 | | | |
| | 行政村户数 | | | |
| | (大于 10 户的)居民点数量 | | | |
| | 所有居民点的占地总面积(公顷) | | | |
| | 最大的居民点用地规模(公顷) | | | |
| | 最大的居民点人口规模(人) | | | |
| 经济功能 | 耕地面积(亩)及总收益(万元) | | | |
| | 林地面积(亩)及总收益(万元) | | | |
| | 牧草地面积(亩)及总收益(万元) | | | |
| | 鱼塘面积(亩)及总收益(万元) | | | |
| | 工业用地面积(亩)及总收益(万元) | | | |
| | 行政村的集体收入(万元) | | | |
| | 村中有哪些资源(如矿产资源、历史建筑等)可开发? | | | |
| | 住房空置户数是? 是否考虑过利用这些存量资产? | | | |
| | 村中是否已经开发休闲农业和服务业? 进展如何? | | | |
| | 2010—2015 年政府累计拨款多少万元? | | | |
| 生活质量 | 总住房建筑面积(平方米) | | | |
| | 宅基地总面积(平方米) | | | |
| | 2010 年以来年新建住房总量(套数,面积) | | | |
| | (宽度大于 3 米的)村庄道路用地面积(平方米) | | | |
| | 本行政村是否有配备有卫生室? | | | |
| | 本行政村是否有配备有图书馆? | | | |
| | 本行政村是否有配备娱乐活动设施? | | | |
| | 本行政村是否有配备有老年活动中心? | | | |

(续表)

| | | 现在或 2014 年情况 | 2010 年情况 | 2000 年情况 |
|---|---|---|---|---|
| 生活质量 | 本行政村是否配备有公共活动空间(广场,公园等)? | | | |
| | 本行政村是否通了镇村公交车? | | | |
| | 本行政村是否 90%以上的家庭有通自来水? | | | |
| | 本行政村是否 90%以上的家庭有通电? | | | |
| | 本行政村是否 90%以上的家庭有通电话? | | | |
| | 本行政村是否 90%以上的家庭有燃气或液化气供应? | | | |
| | 本行政村是否 90%以上的家庭有通有线电视? | | | |
| 生态环境 | 5 千米内是否有污染型工业?(主要为水、气污染) | | | |
| | 本行政村是否有污水收集、处理设施? | | | |
| | 本行政村污水设施是否正常运行?有何困难? | | | |
| | 本行政村是否有垃圾收集设施? | | | |
| | 本村的气候特点(宜人?灾害多?干旱?等等) | | | |
| | 本村空气环境质量(按 1~5 进行评分,1 为差,2 为较差,3 为一般,4 为较好,5 为很好) | | | |
| | 本村水环境质量(按 1~5 进行评分,同上) | | | |
| | 环境卫生状况(按 1~5 进行评分,同上) | | | |
| 乡村社会 | 村内人际关系总体上(按 1~5 进行评分,同上) | | | |
| | 村中是否有能人? | | | |
| | 能人是否发挥了带动大家致富的作用? | | | |
| | 您认为现在村中的人口年龄结构是否合理? | | | |
| | 这样的人口结构是否影响到了村子的健康发展? | | | |
| | 您认为未来村子会持续繁荣还是继续衰败? | | | |
| | 村里 2010 年以来每年大约有多少外出务工者返乡?多数是老年人、中年人还是年轻人? | | | |
| | 您认为村里今后是否会有一定数量的外出人口返回? | | | |
| | 是否存在村民自治组织或者村民自发团体?如存在,请告诉我们具体的活动。 | | | |
| | 村民对政府在村落中实施的政策和项目的总体评价? | | | |
| | 您觉得现在村里最需要政府提供哪些帮助? | | | |
| | 村里的其他特殊情况注释 | | | |

注:2000 年和 2010 年的相关数据,请根据回忆填写,实在没有资料以及记不清楚的话,可以空白。涉及空间属性的数据,请调研员充分利用谷歌(Google)影像。

# 附录 B 村民问卷

尊敬的村民:您好! 为更好地倾听民意,建设好新农村,促进农村人居环境的改善和提升,我们希望通过村民问卷和访谈调查了解您对您所居住的村庄的建设、环境、道路、设施等的意见。本问卷完全匿名,由＿＿＿＿＿＿大学直接发放并回收,只做总量统计,确保您个人信息不会被泄露。谢谢配合!

建设部村镇司委托,同济大学和内蒙古工业大学/青海省西宁市规划院承办

2015 年 7 月

## 一、个人及家庭情况

1. 您在本村居住的时间:＿＿＿＿年;户口所在地:A.本村 B.非本村;户口上有＿＿＿＿人;常住家中的有＿＿＿＿人;

2. 您到您的耕地的距离＿＿＿＿公里;如果您还从事一些非农工作,您到工作地的距离＿＿＿＿公里;如果您有非农工作,您从居住地到工作地方便吗?

A. 方便　　　　　　　　　　　　B. 较方便

C. 一般　　　　　　　　　　　　D. 不太方便

E. 很不方便

3. 请填写您家中成年人的年龄、性别以及其他情况(请将合适的选项填入表格),包括您本人、妻子(丈夫)、住在一起的父母、子女、兄弟姐妹等。

| 与您的关系 | 年龄 | 性别 | 民族 | 文化程度 | 从事工作 | 务工地点 | 务工时间 | 税后个人年收入(元) | 农业收入占比 | 非农收入占比 |
|---|---|---|---|---|---|---|---|---|---|---|
| | | | | A. 小学以下<br>B. 小学<br>C. 初中<br>D. 高中或技校<br>E. 大专及以上 | A. 企业经营者<br>B. 普通员工<br>C. 公务员或事业单位<br>D. 个体户<br>E. 务农<br>F. 半工半农<br>G. 在家照顾老人小孩<br>H. 其他 | A. 本镇<br>B. 其他镇<br>C. 本市<br>D. 省内其他城市<br>E. 省外地区 | A. 常年在外<br>B. 农闲时外出<br>C. 早出晚归,住在家里<br>D. 主要务农,偶尔外出打零工<br>E. 常住家中,不外出<br>F. 其他 | | | |
| | | | | | | | | | | |

（续表）

|  |  |  |  |  |  |  |  |
|--|--|--|--|--|--|--|--|
|  |  |  |  |  |  |  |  |
|  |  |  |  |  |  |  |  |
|  |  |  |  |  |  |  |  |
|  |  |  |  |  |  |  |  |

## 二、日常生活与公共服务设施情况

4. 您家中小孩的就学情况（请将合适的选项填入表格）：

|  | 就读学校 | 上学地点 | 就学模式 | 交通方式 | 单程时间 | 距家多远 | 是否满意 |
|--|--|--|--|--|--|--|--|
| 子女年龄 | A. 幼儿园<br>B. 小学<br>C. 初中<br>D. 高中或技校<br>E. 大专及以上 | A. 本村<br>B. 镇区<br>C. 其他镇<br>D. 县城<br>E. 市区<br>F. 其他 | A. 每日自己往返<br>B. 每日家长接送<br>C. 住校,每周回家<br>D. 住校,每月回家<br>E. 住校,很少回家 | A. 步行<br>B. 自行车或电动车<br>C. 公交车<br>D. 校车<br>E. 私营客车 | ___分钟 | ___公里 | A. 满意<br>B. 较满意<br>C. 一般<br>D. 不太满意<br>E. 很不满意 |
|  |  |  |  |  |  |  |  |
|  |  |  |  |  |  |  |  |
|  |  |  |  |  |  |  |  |

5. 您认为本镇（村）的学校最急需改善的是哪方面？

A. 减小班级规模　　　　　　　　B. 更新教育设施

C. 提高教师质量　　　　　　　　D. 降低就学成本

E. 增加学校数量,缩短与家的距离　　F. 改善周边环境

G. 其他 _____

6. 您对村卫生室的服务满意吗？

A. 满意　　　　　　　　　　　　B. 较满意

C. 一般　　　　　　　　　　　　D. 不太满意

E. 很不满意

7. 您对镇卫生院的服务满意吗？

A. 满意　　　　　　　　　　　　B. 较满意

C. 一般　　　　　　　　　　　　D. 不太满意

E. 很不满意

8. 您认为镇卫生院(医院)最急需改善的是哪方面_____;村卫生室最急需
改善的是哪方面_____

    A. 改善交通可达性               B. 更新医疗设备

    C. 提升医师水平               D. 降低就医成本

    E. 增加布点                     F. 延长服务时间

    G. 其他_____

9. 您愿意在哪里养老:

    A. 家里                         B. 村养老机构

    C. 镇养老机构                D. 县及以上养老机构

    E. 子女身边                  F. 其他_____

10. 您对村里的娱乐活动等设施满意吗_____;体育健身设施满意
吗_____;村容村貌、卫生环境满意吗_____

    A. 满意                        B. 较满意

    C. 一般                        D. 不太满意

    E. 很不满意

11. 您对本村的公共交通的评价:

    A. 满意                        B. 较满意

    C. 一般                        D. 不太满意

    E. 很不满意(没有公交经过)

12. 您认为村庄建设最需加强的公共服务设施为(请填写你觉得最急需的三
项):

    A. 幼儿园                      B. 小学

    C. 文化娱乐设施              D. 体育设施和场地

    E. 商业零售设施               F. 餐饮设施

    G. 卫生室                    H. 公园绿化

    I. 养老服务                   J. 其他_____

**三、养老情况(60 岁以上,即 1954 年 12 月 31 日以前出生者回答)**

1. 对您来说,生活中最困难的事(可以多选,至多三项):

    A. 起居自理(穿衣、梳洗、行走等)    B. 日常家务

C. 做饭                          D. 外出买东西

E. 看病                          F. 干农活

G. 无人陪伴,无事可做              H. 照顾孙辈

I. 其他 _____

2. 您子女对您关心吗?

A. 经济上和精神上都很关心

B. 经济上很支持,但日常关心较少

C. 日常关心较多,但经济支持很有限

D. 经济和精神上都不关心

E. 其他_____

3. 您每月领取_____元养老金,对此满意吗?

A. 满意,够用                    B.不够用,做农活赚钱

C. 太少,须靠子女或其他来源补贴

4. 您是否会选择在养老机构(托老所、养老院)养老?

A. 是,每月心理价位 _____        B. 不,自己能照顾自己

C. 不,子女可以照顾我             D. 不,别人可能会看不起

E. 不,支付不起费用              F. 不,不习惯离开家

5. 您对镇里或村里的老年活动中心及相关组织满意吗?

A. 满意                          B. 一般

C. 不满意                        D. 无活动中心

E. 不常去,不知道

6. 您村里有社区养老服务吗_____;您是否听说过有"志愿帮助老年人"的组织_____;您在日常生活(买菜、做农活、就医)上是否有过被社区或志愿者组织"无偿帮助"的经历 _____

A. 有                            B. 没有

7. 如果村里组织村民养老互助,您愿意参与吗?

A. 愿意                          B. 没想过

C. 不愿意,因为:_____

## 四、住房和村庄建设

8.请填写您农村住房的基本情况：

| 建成年 | 层数 | 建筑面积 m² | 宅基地面积 m² | 最近一次翻修是哪一年? | 外观(有粉刷/砌砖/裸露) | 空调(有/无) | 网络(有/无) | 出租(有/无) | 水冲厕所(有/无) | 洗浴(有/无) | 厨房(有/无) | 炊事燃料 |
|---|---|---|---|---|---|---|---|---|---|---|---|---|
|  |  |  |  |  |  |  |  |  |  |  |  |  |

9.您对现有住房条件是否满意_____;村庄居住环境是否满意 _____

A. 满意　　　　　　　　　　B. 较满意

C. 一般　　　　　　　　　　D. 不太满意

E. 很不满意

10.您家庭在镇区有住房吗_____;在城区有住房吗 _____

A. 有　　　　　　　　　　　B. 没有

11.您认为村里最需加强的基础市政设施是(请填写你觉得最急需的三项)：

A. 环卫设施　　　　　　　　B. 道路交通

C. 给水设施　　　　　　　　D. 电力设施

E. 燃气设施　　　　　　　　F. 污水

G. 雨水设施　　　　　　　　H. 防灾设施

I. 其他 _____

12.您对村落景观(风貌,街景等)是否关心?

A. 非常关心　　　　　　　　B. 比较关心

C. 一般　　　　　　　　　　D. 不太关心

E. 完全不关心

13.如果政府给予一定支持,您愿意参与到美丽乡村建设中吗?

A. 愿意　　　　　B. 不愿意　　　　　C. 说不清

14.您是否为了村落景观的维护做过一些力所能及的事(多选)?

A. 清扫道路　　　　　　　　B. 修葺房屋外壁、院落等

C. 修建道路　　　　　　　　D. 修建水利设施

E. 植树种草　　　　　　　　F. 清理小广告、海报

G. 没有做过　　　　　　　　H. 其他_____

15. 请选择您认为村庄在今后的发展中,需要保留传承的东西(多选):

A. 传统文化、工艺(食文化、戏曲、灯谜、祭祀活动、剪纸、陶瓷、酿酒等非物质文化)

B. 传统民居          C. 石墙、石路          D. 传统街市          E. 农田景观

F. 没啥有价值的东西                    G. 其他_____

## 五、经济和产业

16. 您家拥有耕地_____亩,林地_____亩,每亩年收入_____元;谁来耕种?

A. 自己或家人      B. 亲友            C. 流转            D. 抛荒

E. 雇人

17. 您家庭年纯收入大约为:_____万元,其中:农林牧渔业_____元,非农务工收入_____元,子女寄回_____元;房屋出租_____元;社保等补助_____元;其他_____元

18. 您家庭一年最大的开销是_____和_____:

A. 吃穿用度                    B. 看病就医

C. 子女学费                    D. 外出打工生活费

E. 接济子女或孙辈              F. 照顾老人

G. 其他_____;扣除常规花销,您家庭每年可以存款:_____万元;

19. 您认为本村是否有潜力开发农家乐、民宿等休闲旅游产业?

A. 是            B. 否            C. 说不清楚

20. 您对本村的农家乐、民宿等休闲旅游产业,是否支持?

A. 是            B. 否            C. 说不清楚

21. 您是否愿意参与民宿或农家乐的经营,以获得额外的收入?

A. 是            B. 否            C. 说不清楚

22. 您对近几年的农村建设是否满意_____;镇上建设是否满意_____

A. 很满意      B. 基本满意      C. 一般          D. 不太满意

E. 很不满意

23. 您对您目前的生活状态满意吗?

A. 很满意      B. 基本满意      C. 一般          D. 不太满意

E. 很不满意

## 六、迁居意愿及经历

13. 您理想的居住地：

A. 农村 　　　　　　　　　　　　B. 集镇

C. 县城或市 　　　　　　　　　　D. 省城、大城市或直辖市

E. 其他 _____

14. 考虑现实生活条件,您是否有迁出本村到城镇定居的打算？

A. 有 　　　　B. 没有 　　　　C. 说不清楚

• 如果是,原因(可多选)：

A. 工作机会多、就业收入高 　　　　B. 子女教育质量高

C. 医疗条件优 　　　　　　　　　　D. 卫生环境好

E. 设施完善、生活便利 　　　　　　F. 政府政策优惠

G. 本村有潜在的自然灾害风险(泥石流、洪水等)

H. 城市生活丰富 　　　　　　　　　I. 其他 _____

• 如果否,原因(可多选)：

A. 城里工作不好找 　　　　　　　　B. 城里消费水平高

C. 我舍不得农村 　　　　　　　　　D. 城镇空气环境质量差

E. 城镇生活不习惯 　　　　　　　　F. 买不起房子

G. 农村收入尚可,我满足了 　　　　H. 其他 _____

15. 您认为下列设施用地对村庄是否必要：绿化公园 _____,路灯 _____,
垃圾收集和保洁设施 _____

A. 必要 　　　　　　　　　　　　　B. 没必要

16. 您觉得村里 _____ 和周边乡镇上 _____ 还缺少哪些商业设施、休闲娱乐
设施？

A. 公园 　　　　B. 电影院 　　　　C. 歌厅(KTV) 　　　D. 网吧

E. 高档餐厅 　　　　　　　　　　　F. 大超市

G. 其他

17. 您对生活在村里的经济条件满意吗？

A. 满意 　　　　B. 一般 　　　　C. 不满意

18. 您家在村里的亲友多吗？

A. 很多　　　　　　　B. 不多不少　　　　C. 很少

19. 您家与村里亲友邻里来往关系怎么样?

A. 往来密切　　　　　　　　　　B. 仅在年节或婚丧时有往来

C. 很少有往来

20. 您认为村里房子住得舒服,还是城里楼房住得舒服? _____ ;

A. 村里　　　　　　　　　　B. 城里,为什么_____

21. 您打算一辈子在村里生活吗_____ ;

A. 是　　　　　　　　　　B. 否

· 如果否,原因(可多选):

A. 工作机会多、就业收入高　　　　B. 子女教育质量高

C. 医疗条件优　　　　　　　　　　D. 卫生环境好

E. 设施完善、生活便利　　　　　　F. 政府政策优惠

G. 本村有潜在的自然灾害风险(泥石流、洪水等)

H. 城市生活丰富　　　　　　　　　I. 其他_____

· 如果是,原因(可多选):

A. 城里工作不好找　　　　　　　　B. 城里消费水平高

C. 我舍不得农村　　　　　　　　　D. 城镇空气环境质量差

E. 城镇生活不习惯　　　　　　　　F. 买不起房子

G. 农村收入尚可,我满足了　　　　H. 其他 _____

22. 如果否,原因(可多选):

A. 工作机会多、就业收入高　　　　B. 子女教育质量高

C. 医疗条件优　　　　　　　　　　D. 卫生环境好

E. 设施完善、生活便利　　　　　　F. 政府政策优惠

G. 本村有潜在的自然灾害风险(泥石流、洪水等)

H. 城市生活丰富　　　　　　　　　I. 其他 _____

24. 如果是,原因(可多选):

A. 城里工作不好找　　　　　　　　B. 城里消费水平高

C. 我舍不得农村　　　　　　　　　D. 城镇空气环境质量差

E. 城镇生活不习惯　　　　　　　　F. 买不起房子

G. 农村收入尚可,我满足了　　　　　　H. 其他_____

22. 如果是,您认为"农活太苦太累"是影响您迁出农村生活居住的主要原因吗?

A. 是　　　　　　　　　　B. 否

23. 如果想离开农村,打算到镇上还是到城市生活?

A. 镇　　　　　　　　　　B. 城市

为什么:_____

24. 如果想离开农村,何时可以实施?

A. 一年以内　　　B. 一至五年　　　C. 五到十年　　　D. 十年以上

25. 您希望下一代生活在哪里?

A. 农村　　　　　　　　　　B. 集镇

C. 县城或市　　　　　　　　D. 省城、大城市或直辖市

E. 其他

为什么_____

26. 在农村生活,您最不喜欢什么:_____

最喜欢什么:_____

27. 假如您在城里工作,交通条件足以满足每天回到农村的家里居住,您会选择每天回家吗:

A. 是　　　　　　　　　　B. 否

为什么:_____

28. 迁移、转职经历

家庭成员 1:本人

| 时间(___年至___年) | 地点 | 工作及收入 | 换工作或换居住地点的原因及评价 |
|---|---|---|---|
|  |  |  |  |
|  |  |  |  |
|  |  |  |  |
| 为何返乡(无外出经历者可填写为何不外出) |  |  |  |

家庭成员 2:_____

| 时间(___年至___年) | 地点 | 工作及收入 | 换工作或换居住地点的原因及评价 |
|---|---|---|---|
|  |  |  |  |
|  |  |  |  |
|  |  |  |  |
|  |  |  |  |
| 为何返乡(无外出经历者可填写为何不外出) |  |  |  |

# 附录 C　牧区政策

## 1.　　　国务院批转全国牧区工作会议纪要的通知①

国发〔1987〕73 号

各省、自治区、直辖市人民政府,国务院各部委、各直属机构:

国务院同意《全国牧区工作会议纪要》,现转发给你们,请结合实际情况贯彻执行。

党的十一届三中全会以来,我国牧区认真贯彻党的路线、方针、政策,社会经济面貌有了较大变化。但是,从总体讲,牧区经济,特别是畜牧业还很脆弱,不适应国民经济发展的需求,必须引起高度重视。加强牧区经济建设,对于进一步繁荣牧区经济,增强民族团结,巩固边防,保护生态环境,实现"四化"大业,都具有重大的经济意义和政治意义。

牧区要坚持以畜牧业为主、草业先行、多种经营、全面发展的方针;半农半牧区要把畜牧业摆到突出的地位,发挥牧农结合的优势,多种经营,全面发展。牧草是畜牧业的基础,必须加强管理,合理利用,保护和建设草原,发展草业,逐步做到草畜平衡发展。要继续坚持改革、开放、搞活,稳定和完善生产责任制,大力发展商品生产,扩大商品交换,提高牧民的生活水平,促进社会进步。

牧区各级人民政府要切实加强领导,带领广大干部群众,继续发扬艰苦奋斗的精神,同心同德,团结一致,为搞好牧区建设,争取牧区经济有个较大的发展,把牧区建设成为社会主义现代化的牧业基地而奋斗。

国　务　院

一九八七年八月十三日

---

① 中华人民共和国中央人民政府,http://www.gov.cn/zhengce/content/2011－03/30/content_3465.htm,2016 年 11 月 5 日登录。

# 全国牧区工作会议纪要

## （一九八七年六月十一日）

全国牧区工作会议于一九八七年六月四日至九日在北京召开。内蒙古、新疆、青海、西藏、甘肃、四川、宁夏、黑龙江、吉林、辽宁、河北、山西等省、区及中央、国务院有关部门的负责同志和基层单位的代表共一百七十六人出席了会议。田纪云副总理在会上作了《争取我国牧区经济有个较大的发展》的报告。党和国家领导同志接见了全体代表。会议总结交流了牧区工作经验，讨论了牧区经济工作的指导方针，研究了发展牧区畜牧业的政策和措施。

会议认为，我国牧区大都分布在陆地边疆少数民族地区，地域辽阔，资源丰富，发展潜力很大。牧区畜牧业是十几个少数民族世代经营并赖以生存和发展的基本产业，发展畜牧业实际上就是加强少数民族经济的地位。广大牧区是我国畜产品的重要供给基地，广阔的草原带又是我国大地的生态屏障。牧区的经济政治地位是十分重要的。要全面总结历史经验，从牧区实际出发，正确制定牧区经济发展方针和政策，动员广大牧民和干部建设牧区，繁荣经济，促进牧区和内地协调发展。这对于进一步增强民族团结，巩固边防，对于本世纪末达到小康水平和实现"四化"大业，都具有重大的经济意义和政治意义。

解放以后，经过民主改革和社会主义改造，为牧区的发展奠定了基础。牧区各族人民在发展国家经济、文化和巩固祖国统一的事业中，作出了应有的贡献。由于在一个较长时期内，对牧区工作的指导思想没有严格遵守实事求是的原则，忽视牧区特点，要求过高，步子过急，违背了自然规律和经济规律，垦草种粮，挫伤了牧区广大群众的积极性，影响了牧区经济的发展。党的十一届三中全会以后。牧区各级人民政府认真贯彻党的路线，因地制宜地实行了责、权、利相结合和畜、草、服务相统一的牧业生产责任制，初步改革了畜产品的收购制度，明确了牧区经济发展方向，从而调动了牧民生产积极性，使牧区社会经济面貌发生了较大变化。这几年，牧区畜牧业产值和畜产品商品率都有所提高，多种经营和乡镇企业有了发展，牧民收入有较大幅度增加。特别是《草原法》的颁布和实施，为管理、保护和建设草原提供了保证。到一九八六年，人工种草累计保存面积达八千万亩，围栏草场六千万亩。教育、科技、文化、卫生等事业也有了进一步发展。

但是，就总体讲，牧区经济特别是畜牧业还很脆弱，是国民经济中的一个薄弱环节。主要是：牧区畜牧业发展缓慢，投入不足；草原退化严重，草畜矛盾尖锐；抗灾能力弱，生产不稳定；生产责任制还不够完善，生产服务环节有所削弱；流通渠道不够畅通；一部分牧民生活还比较困难。这些问题，应引起各级领导部门的高度重视，认真加以解决。现将会议议定的几个问题纪要如下：

一、牧区的经济建设，必须从不同牧区、不同民族的特点出发，与牧区社会的整体进步相结合，有步骤地进行。由于历史、社会和自然条件的原因，我国大部牧区仍未摆脱游牧半游牧的生产方式。毫无疑问，牧区经济的根本出路是由传统畜牧业向现代畜牧业转化，由自给、半自给生产向较大规模的商品生产转化。当前要保护草原，改变掠夺式放牧，逐步引导牧区从自然放牧向集约化方向发展，从单一经营向多种经营发展，从游牧半游牧向定居半定居发展。各级领导部门在制定政策的时候，必须照顾到牧区与其他地区的差异，不要照搬农区的经验和做法。

二、牧区要实行以牧为主、草业先行、多种经营、全面发展的方针。这一方针符合牧区少数民族的习惯和专长，有利于发挥牧区优势，避免劣势，有利于建设牧区，富裕牧民。半农半牧区要把畜牧业放在突出位置，发挥牧农结合的优势，多种经营，全面发展。这样可以利用当地的有利条件，加强同牧区的资源互补和交流，发挥农区与牧区的中介作用和生态保护带作用。

牧区所在的省、区，粮食不能自给的，凡有条件的，应该在提高粮食单产的基础上，逐步提高自给率。西北地区要注意发展旱作农业。为减少远道调粮，应统筹规划，争取做到区域调剂平衡。但切不可再重复垦草种粮的做法。

三、牧草是畜牧业的基础，发展草业是发展畜牧业的前提。必须加强管理，保护草原，建设草原，发展草业，逐步做到以草定畜，增草增畜，平衡发展。要把草原建设纳入国土整治规划和国家农业基本建设规划中去，逐步增加投入，有计划地建设一批围栏草场和人工改良草场。我国草原辽阔，类型多样，要有区别、有选择地进行治理和建设。要全面规划，重点投入，"七五"后三年，力争围栏和改良草场一亿亩，人工种草五千万亩。有关省、区还要根据自己的条件，拟定二〇〇〇年前围栏、改良草场和人工种草的建设计划。要加强草原水利建设，抓紧解决人畜用水问题。有条件的要注意发展草原林网，实行林草间作。

草原建设要实行国家、集体、群众一起上，特别要鼓励集体和牧民增加投入，建设草场。牧民投资建设的草场,谁建设、谁经营、谁受益,长期不变。牧区要建立育草基金,其资金来源:国家适当增加点投资;牧区的牧业税和羊毛交易税;地方从机动财力拿出一部分资金;从畜产品和草产品经销环节中适当提取一部分资金;有条件的地方还可适当利用一部分外资。牧区育草基金由各省、区管理使用,专款专用,多筹多用,少筹少用。基金实行项目目标管理,有偿使用,加速周转,提高效益。具体提取、管理使用办法,由各省、自治区人民政府根据实际情况制定下达。

为了提高防灾能力,建立打草贮草基地,搞一些抗灾保畜设施的试点。以集体和群众自办为主,发展牧草加工,推广青贮饲料和增加冬贮牧草,缓解饲草不足的矛盾。在有条件的地区,可试行牲畜保险。要建立合理的放牧制度,逐步推广分区轮牧,科学管理草原。要认真执行《草原法》,加强监理,严禁滥开垦、滥挖、滥占等破坏草原的行为,搞好草原防火,保护草原建设设施。积极采用多种方式,进行科学灭鼠和防治病虫害。

四、牧区要稳定和完善"草场公有,承包经营;牲畜作价,户有户养;服务社会化"和"专业承包,包干分配"等多种形式的生产责任制。受到广大牧民欢迎的多种形式的生产责任制,调动了牧民的生产积极性,促进了牧区经济发展,今后应当长期稳定,并在实践中加以完善。

要明确草场管理使用权,防止发生草场纠纷。冬春草场适于承包到户的要承包到户,不适于承包到户的可以承包到联户或自然村。夏秋草场可参照历史情况和牧民放牧习惯,划分放牧范围,建立管护制度。草场承包和划分使用范围,要从实际出发,在牧民所能接受的前提下,有领导地进行。县或乡的经营管理单位也可以统一建设适量的牧草基地,实行统一管理,放牧收费。草场承包以乡为发包方,并签订承包合同,明确发包方与承包方的权利和义务。

发展牧区经济,必须允许多种经济形式和多种经营方式存在。要支持牧户在自愿的基础上发展放牧、销售等互助形式或实行牧工商联营;支持发展饲养种公畜、改良畜和运输、购销、牧草经营等专业户。国营牧场要深入改革,逐步完善责任制。国营种畜场应搞好良种繁育,提倡以场带户,做好服务、示范和科技服务工作。

五、积极开展信息、技术等服务工作。各地要对现有的国营、集体和个体服务机构进行整顿,培训人员,使其充分发挥作用。草原管理站、畜牧兽医站、畜种改良站和经营管理站是直接为牧业生产服务的主要单位，并受政府委托担负牧政管理职能。县级各站要实行统一领导，综合服务，通过改革逐步建成服务中心。乡级站应尽快恢复和健全起来，实行四站合一，组成畜牧工作站。乡级站在整顿、考核、精干队伍的基础上，国家给予一部分事业编制，实行合同聘用制，不足部分可招收合同工和临时工；经费确有困难的，当地财政部门可根据财力情况酌情补助。畜牧工作站必须坚持以服务为宗旨，可以开展与技术服务有关的经营和有偿服务。

在稳定家庭经营基础上，逐步推广联合服务，首先强化乡一级服务组织。在条件具备的地方，应实行家畜品种统一改良，牲畜疫病统一防治，草原建设统一规划。要总结牧民的经验，逐步推广互助放牧、专群放牧、种公畜统一管理等办法，解决混群放牧造成的良种退化问题。

六、树立商品经济观念，讲求经济效益。要改进对牧区的经济考核办法，把发展牲畜与合理利用资源结合起来，把提高总增率与提高商品率结合起来，加快商品周转，增加牧民收入。

要根据不同草场和不同的自然条件，因地制宜地发展畜牧业。合理调整畜群、畜种结构，加快畜群周转，提高良种牲畜和母畜的比重，提高个体产出率。积极推广季节畜牧业，增加当年羔羊出栏，减少牲畜过冬头数。可以利用夏秋草场开展专群强化育肥，积极提倡易地育肥。

"七五"期间，在一些条件较好的地区，重点建设一批细毛羊、半细毛羊、肉牛、肉羊、绒山羊、奶牛商品生产基地，实行牧工商一体化经营，同时利用其辐射作用，带动周围地区商品生产的发展。今后新增加的农业基本建设投资，应划出适当比例用于牧区商品基地建设。

要因地制宜开展多种经营，发展以畜产品为原料的加工业，做到统一规划，合理布局，照顾牧民的利益。在互惠互利的基础上，积极发展横向经济联合，引进资金、技术、信息、人才和管理经验。特别注重同国内发达地区的联合，鼓励兄弟省（区、市）到牧区兴办开发性产业。要充分运用牧区地处边疆的条件，发展边境贸易和对外经济技术交流，有关部门应给予积极支持。

七、要疏通流通渠道，逐步完善购销体制，建立市场体系。要允许试办自由购销的畜产品交易市场。提倡工牧直交、工贸直交、工牧联营、牧工商联营，逐步建立多层次、多形式、多渠道、少环节的流通体制。地方工业收购畜产品原料,应当靠经济手段,不要实行封锁和垄断。对暂不具备条件完全放开的极少数品种,可允许在一、两年内实行过渡,办法由各省、区自定。签订畜产品交售合同,应根据实际情况充实经济内容,给牧民一定的优惠。

供销社与农牧民联系密切,具有流通设施等经营手段,要深入改革,端正经营思想,更好地发挥作用。要积极收购畜产品并作好牧区生产、生活资料和民族用品的供应。生产民族用品所需的物资,列入计划,优先安排。

对畜产品收购,要加强市场管理,坚持以质论价,优质优价,劣质低价。羊毛应逐步实行按净毛计价。活畜收购,应积极推广过秤收购,逐步改变"估皮断肉"的做法。要增加商品购销服务网点,加强仓库、车辆、商品检测、计量器具等设施的建设。

国家制定的民族贸易"三项照顾"政策以及利率照顾政策,是保证少数民族地区进行互惠贸易所必需的,是发展商品生产,搞活商品流通,繁荣民族经济,改善少数民族物质文化生活的重要条件,应坚持执行。财政、银行、商业、物价等有关部门应结合新的情况拟定进一步贯彻落实的办法。

八、要加强畜牧科技工作,大力示范、推广行之有效的技术措施和科研成果。主要包括:保护、改良草场技术,草场围栏技术,飞播种草配套技术;牧草育种、草籽繁殖和建立人工草场技术;青贮、氨化、碱化饲料等饲草饲料加工贮藏技术;人工授精、胚胎移植等畜种改良技术;当年羔羊育肥和牛羊易地育肥技术;家畜传染病和内外寄生虫等防治技术;剪毛、乳品加工、打草储草等机械作业技术;羊毛除污、检测等技术;风能、太阳能等能源应用技术;新型棚圈建设技术。

对重大科研项目,有计划地组织好协作攻关。各有关科研部门和大专院校要统一规划,合理分工,紧密合作。要采取多种形式对现有科技人员和业务干部进行轮训,并研究制定相应的政策,稳定和加强科技队伍。

九、切实做好牧区扶贫工作,解决贫困牧民的温饱问题。牧民常年生活在草原,搬迁多,劳动条件差,生活习惯以食肉、奶、酥油、茶等为主,生产、生活消费支出高于农民。因此,要从牧区的实际出发,确定扶贫标准。国家在"七五"期间每年另外拨出五千万元扶贫专项贴息贷款,集中用于牧区的贫困地区,由国务院贫困地区经济开发领导小组会同有关部门拟定具体使用管理办法。同时,要认真总结多年来牧区扶贫工作经验,积极推广"流动畜群扶贫"或向贫困牧户赊贷母畜等投资少、见效快的做法,首先解决温饱问题,并逐步增强贫困牧户自身发展生产的能力。

十、加强对牧区工作的领导。这是加快经济发展,改变牧区落后面貌的关键。牧区各级人民政府要认真贯彻党中央、国务院对牧区工作的指导方针、政策,对广大干部、群众深入进行坚持四项基本原则和改革、开放、搞活方针的教育;要认真贯彻《民族区域自治法》,进行党的民族政策的教育,促进民族团结和民族进步;要把发展畜牧业放在重要位置,列入重要议程,制定切实可行的发展规划,地方机动财力要确定一定比例用于畜牧业;要积极发展教育、科技、文化、卫生等社会事业;提倡计划生育、优生优育;要用教育、疏导、示范的方法,指导牧民消费,安排好生活,动员各族人民同心同德建设文明、富裕的社会主义新牧区。

乡级组织处在牧区工作的第一线,担负着承上启下、组织领导牧区社会经济发展的重要任务,要切实加强领导。对乡、村干部要进行轮训,提高经营管理水平。要逐步收回牲畜作价款和集体提留款。要建立健全财务管理制度,管好用好各项集体资金。

为了加强和协调牧区经济工作,会议决定由农牧渔业部牵头,国家民委配合,各有关部门给予支持,共同做好调查研究和制定牧区经济发展规划,指导和监督、检查牧区方针、政策的贯彻落实和各项资金的管理使用。牧业比重大的省、区,也要明确和加强牧业工作的主管部门。

## 2.    国务院办公厅转发农业部关于加快畜牧业发展意见的通知[①]

国办发〔2001〕76 号

各省、自治区、直辖市人民政府,国务院各部委、各直属机构:

农业部《关于加快畜牧业发展的意见》已经国务院批准,现转发给你们,请认真贯彻执行。

国务院办公厅

二〇〇一年十月二十日

---

①　中华人民共和国中央人民政府,http://www.gov.cn/zhengce/content/2016 - 10/10/content_5116902.htm,2016 年 11 月 5 日登录。

# 关于加快畜牧业发展的意见

### （农业部二〇〇一年十月四日）

党的十一届三中全会以来,我国畜牧业发展取得了巨大成就,从根本上扭转了主要畜产品长期短缺的局面,肉、蛋总产量跃居世界首位,人均占有量超过世界平均水平。畜牧业已由传统的家庭副业发展成为农村的支柱产业。但目前畜牧业发展水平与国民经济和社会发展的新要求还不相适应。在农业发展的新阶段,大力发展畜牧业,是实现"十五"农业和农村经济发展目标、推进农业现代化的必然要求。现就加快畜牧业发展的有关问题提出以下意见:

**一、充分认识加快畜牧业发展的重要性和紧迫性**

（一）加快发展畜牧业是农业发展新阶段的战略任务。对农业和农村经济结构进行战略性调整,是农业发展新阶段的中心任务。大力发展畜牧业,有效地转化粮食和其他副产品,可以带动种植业和相关产业发展,实现农产品多次增值,促进农业向深度和广度进军,是推进农业结构战略性调整的重要措施。大力发展畜牧业,更多地吸纳农业富余劳动力,增加农民就业机会,可以更合理、更有效地配置农业资源,是新阶段农民增收的重要途径。随着我国加入世贸组织,农业将在更大范围和更深程度上对外开放,加快发展畜牧业,有利于发挥我国农村劳动力资源丰富的比较优势,提高我国农业的国际竞争力。

（二）不失时机地加快畜牧业发展。我国农产品供求关系已经发生了根本变化,粮食供求平衡、丰年有余,现有的农业综合生产能力为畜牧业发展创造了良好的条件。我国经济社会发展已进入全面建设小康社会、加快推进现代化的阶段,随着人们收入水平和生活水平的日益提高,城乡居民膳食结构中动物性食品消费将逐步增加,发展畜牧业具有广阔的市场前景。必须抓住机遇,加快发展。

（三）尽快把畜牧业发展成一个大产业。畜牧业的发展水平是一个国家农业发达程度的重要标志。要进一步明确发展思路,面向市场,依靠科技,优化畜禽品种结构,加强饲料生产和草原建设,强化畜禽疫病防治,提高畜产品加工水平,使我国畜牧业发展迈上一个新台阶。力争用五到十年的时间,实现我国畜牧业由粗放经营向集约经营的根本性转变,综合生产能力明显提高,畜牧业产值占农业总产值的比重明显提高,畜牧业收入占农民收入的比重明显提高,畜产品出口竞争力明显提高。

**二、大力调整、优化畜牧业结构和布局**

（四）明确畜牧业结构调整重点。要把研究、开发和推广畜禽优良品种、提高畜产品质量作为调整畜牧业结构的重点。努力增加名特优新畜产品，实现品种结构多样化，满足不同消费层次需求。稳定发展生猪和禽蛋生产，加快发展肉牛、肉羊和肉禽生产，突出发展奶牛和优质细毛羊生产。提高奶类在畜产品中的比重，积极推广和实施"学生饮用奶计划"。

（五）优化畜牧业区域布局。在积极发展牧区畜牧业的同时，加快农区畜牧业发展。农区特别是粮食主产区，应以粮食转化为主，发展适度规模的家庭养殖和专业饲养小区。注重牧区草地生态保护，加快草原改良，改善生产经营方式，提高牲畜的出栏率和商品率。经济发达地区和大城市郊区要发挥科技、人才和市场优势，加快集约型畜牧业发展，率先实现畜牧业现代化。

**三、加强良种繁育、饲料生产和疫病防治体系建设**

（六）加大畜禽良种体系建设力度。坚持国内培育与国外引进相结合的方针，在充分利用我国现有畜禽品种、加大选育工作力度的同时，积极引进国外优良品种，提高良种生产和畜产品质量水平。加强畜禽种质资源保护，重点建设一批畜禽良种场（站）和种质资源保护场（区）。建立多种形式的种畜禽生产基地。健全种畜禽质量监督体系，严格执行种畜禽生产经营许可证制度，加强对种畜禽生产经营的法制管理，保护广大农牧民的利益。

（七）建设高效安全的饲料生产和监管体系。高效安全的饲料生产体系是畜牧业持续健康发展的基本保障。要建立优质饲料生产基地，增加饲料供应能力。继续做好秸秆养畜过腹还田工作，巩固已有成果，扩大示范，加速推广。大力发展饲料工业，实现粮食转化增值，开发饲料新品种，健全和完善饲料工业体系，优化饲料生产结构，深化企业改革，提高饲料工业技术水平。建设饲料安全保障体系，加强饲料生产和安全监管，完善饲料卫生标准和检测标准，依法开展饲料质量检测监督，坚决查处在饲料产品中使用违禁药品和滥制乱用饲料添加剂的行为。

（八）强化动物疫病防治体系建设。地方各级人民政府必须高度重视动物疫病防治工作，始终贯彻预防为主的方针。对于严重危害畜牧业生产和人体健康的动物疫病,要制定防治预案,实施计划免疫。加快动物疫病防治基础设施建设,健全疫情测报、防治系统;预防和扑灭动物疫病所需的药品、生物制品和有关物资,应纳入国民经济和社会发展计划,并保证适量的储备。加强动物及动物产品的产地检疫和屠宰检疫,严格控制染疫动物及产品的流通。加强口岸检疫,严防境外动物疫病传入。依法对进口动物产品的国外生产、加工、存放实行注册登记制度,严格卫生检验检疫。建立注册兽医制度,规范从业兽医行为。健全兽药管理法规、质量标准和监察体系,推行兽药生产质量管理规范,实施兽药残留监控计划,加大查处生产、销售假冒伪劣兽药产品的力度,确保畜产品安全卫生。动物疫病防治工作的重点在基层,要加强县乡防疫队伍建设。

(九)加强对转基因畜禽产品生产、安全的监管。建立健全农业生物技术的安全法规及行政管理程序,对畜禽动物转基因生物技术的研究与开发进行有效监督和控制。

**四、保护和合理利用草地资源**

(十)合理使用草地资源。草原牧区要推行以草定畜,划区轮牧,科学管理,提高草地畜牧业的综合效益。半农半牧区实行草田轮作,舍饲圈养。有计划、有重点地组织开发南方草山草坡。落实草原家庭承包制,调动广大牧民发展牧业生产、保护和建设草原的积极性。

(十一)强化草原建设、保护和监管。加快牧草种籽基地建设和草场水利设施建设,推广人工种草、飞播种草、围栏封育和改良草场。建立基本草地保护制度,严格控制草地的非牧业使用。坚决禁垦牧区草原,制止采集发菜、滥挖甘草等固沙植物。加大草原鼠虫害综合防治力度。建立草地类自然保护区,保持草地生态多样性。按照西部大开发的战略部署,尽快制定草地生态建设规划,切实做好退耕还草和天然草原保护工作。要加强草原防火的宣传力度,提高草原地区广大干部和农牧民的防火意识;同时,完善草原防火各项制度,充实防扑火设施装备,提高防扑火能力。

**五、大力推进畜牧业科技进步**

(十二)加强畜牧业科学技术研究。围绕影响畜牧业发展的重大科学技术问题,集中力量,联合攻关。对畜牧业生产、加工急需而在短期内又难以突破的关键技术,要积极组织引进。加快兽医高新技术的研究和开发,加强动物重大疫病流行规律和畜禽重要经济性状遗传规律等基础研究。支持畜牧业科研、教学单位与企业联合，发展高新科技企业。

（十三）加大畜牧业技术培训和推广力度。各地区和有关部门要采取有效措施，促进畜牧业科研成果尽快转化；继续实施"丰收计划"和推广一批适应性强、增产增收效果明显的畜牧业先进实用技术，突出抓好畜禽品种改良、动物疫病诊断及综合防治、饲料配制、草原建设和集约化饲养等技术的推广。同时，要稳定畜牧业技术推广机构和队伍，积极鼓励科技人员到生产第一线服务，切实改善技术推广人员的工作和生活条件。努力探索和建立在市场经济条件下畜牧业技术推广的新机制，不断提高服务功能和水平。加强畜牧业科技教育和培训，实施畜牧兽医行业职业资格证书制度和"绿色证书工程"，提高畜牧业技术人员和农牧民的整体素质。

**六、促进畜产品加工转化增值**

（十四）重点培育一批规模大、起点高、带动力强的畜产品加工企业。支持这些加工企业进行技术改造和设备引进，加快在畜产品加工、保鲜、储运等环节的技术创新步伐，促进企业重质量、创名牌，提高产品质量和档次。根据市场需求，以肉类和奶类加工为重点，以冷却肉、分割肉、液态奶为突破口，生产方便卫生的肉、奶制品，开拓畜产品消费市场。搞好动物副产品综合利用，实现多次转化增值。

（十五）发展畜牧业产业化经营。产业化经营是促进畜产品加工业发展的有效途径。鼓励畜产品加工企业通过公司加农户等形式，发展产业化经营，提高企业竞争力和扩大畜牧业生产规模。引导龙头企业与农户建立稳定的购销关系和合理的利益联结机制，更好地带动农牧民致富和区域经济发展。

（十六）促进畜产品出口。赋予有条件的畜产品加工销售企业进出口权，鼓励畜产品加工销售企业参与国际市场竞争。加强无规定疫病示范区建设，按照国际标准组织畜产品的生产、加工和卫生质量检测监督，努力提高我国畜产品的国际市场信誉，扩大出口。

**七、加强畜产品市场体系建设**

（十七）建立开放统一、竞争有序的畜产品市场体系。继续建设多种形式和规范的初级市场，重点发展产地批发市场和专业市场。鼓励采取产销直挂、连锁经营及网上交易等方式,拓宽畜产品流通渠道。健全和完善市场规则,规范企业行为,打破地区封锁、部门垄断,营造公平竞争的环境。推广"绿色通道"的做法,保证鲜活畜产品的运销畅通。完善羊毛拍卖制度,搞活羊毛流通。

(十八)培育畜牧业合作经济组织和中介组织。积极培育农牧民专业合作经济组织和经纪人队伍等中介组织,为农牧民进入市场提供优质服务。近年来,各地生猪和禽蛋的民营运销组织十分活跃,对于搞活畜产品流通,稳定和促进生产发挥了重要作用。各地区和有关部门应在认真总结经验的基础上,积极加以扶持和推广。

(十九)加强对畜产品的质量监管和信息服务。建立健全畜产品质量标准体系,加强质量检测监督。逐步推行畜产品标准化生产,实现畜产品的优质优价。加强信息服务,建立健全多种形式的信息传播网络系统,完善畜产品生产、销售和消费信息的收集和发布制度,为农牧民提供准确、及时、有效的市场信息,正确引导畜产品生产和流通。

**八、加大对发展畜牧业的领导和支持力度**

(二十)加强对畜牧业发展的组织领导。各级政府要充分认识加快畜牧业发展的重要性,把畜牧业作为一个大产业来抓,制定并落实相关政策措施,切实解决畜牧业发展中存在的突出问题,全面促进畜牧业持续、健康发展。

(二十一)多渠道增加对畜牧业的投入。各级政府增加的投入,重点用于加强良种繁育、疫病防治、饲料安全、科技教育等基础设施建设,支持草地生态治理和草原建设,稳定和保护畜牧业生产能力,提高畜产品质量。金融部门在注意防范金融风险的同时,要努力提高金融服务水平,探索多种行之有效的方式,增加对畜牧业的贷款,重点支持发展优质畜产品规模化生产、农户畜禽养殖、畜产品加工、饲料和兽药生产。积极引导社会资金投向畜牧业,加快畜牧业利用外资步伐。

(二十二)完善畜牧业法规,加大执法力度。进一步制定和完善有关畜牧业的配套法规和实施办法,加强普法宣传,加大执法力度。同时,要稳定畜牧业执法机构,加强执法队伍建设,提高执法人员素质。

## 3. 国务院关于促进牧区又好又快发展的若干意见①

国发〔2011〕17 号

各省、自治区、直辖市人民政府,国务院各部委、各直属机构:

牧区在我国经济社会发展大局中具有重要的战略地位。党中央、国务院历来高度重视牧区工作,在不同历史时期都对牧区工作作出重要决策和部署,并不断加大支持力度。在各族干部群众的共同努力下,牧区经济社会发展取得重大成就。但是,由于自然、地理、历史等原因,牧区发展仍然面临不少特殊的困难和问题,欠发达地区的状况仍然没有根本改变,已成为经济社会发展的薄弱环节。为促进牧区又好又快发展,现提出以下意见:

### 一、重要意义与基本方针

(一)充分认识促进牧区发展的重要意义。目前,我国牧区主要包括 13 个省(区)的 268 个牧区半牧区县(旗、市),牧区面积占全国国土面积的 40%以上。草原是我国面积最大的陆地生态系统,牧区是主要江河的发源地和水源涵养区,生态地位十分重要。草原畜牧业是牧区经济发展的基础产业,是牧民收入的主要来源,是全国畜牧业的重要组成部分。牧区矿藏、水能、风能、太阳能等资源富集,旅游资源丰富,是我国战略资源的重要接续地。牧区多分布在边疆地区和少数民族地区,承担着维护民族团结和边疆稳定的重要任务。促进牧区又好又快发展,是加强草原生态保护与建设,构建国家生态安全屏障的迫切需要;是转变草原畜牧业发展方式,增加牧民收入的现实选择;是缩小区域发展差距,全面实现小康社会目标的必然要求;是让各族群众共享改革发展成果,促进民族团结和边疆稳定的战略举措。

(二)加快牧区又好又快发展是一项重大而紧迫的任务。改革开放特别是实施西部大开发战略以来,牧区生态建设大规模展开,草原畜牧业发展方式逐步转变,基础设施建设步伐加快,牧民生活水平显著提高,城乡面貌发生可喜变化,牧区发展已经站在新的历史起点上。同时必须清醒地看到,草原生态总体恶化趋势尚未根本遏制,草原畜牧业粗放型增长方式难以为继,牧区基础设施建设和社

---

① 中华人民共和国中央人民政府,http://www.gov.cn/zwgk/2011-08/09/content_1922237.htm,2016 年 11 月 5 日登录。

会事业发展欠账较多,牧民生活水平的提高普遍滞后于农区,牧区仍然是我国全面建设小康社会的难点。必须进一步增强责任感和紧迫感,站在全局和战略的高度,采取更加有力的政策措施,支持牧区经济社会又好又快发展。

（三）进一步明确牧区发展的基本方针。草原既是牧业发展重要的生产资料,又承载着重要的生态功能。长期以来,受农畜产品绝对短缺时期优先发展生产的影响,强调草原的生产功能,忽视草原的生态功能,由此造成草原长期超载过牧和人畜草关系持续失衡,这是导致草原生态难以走出恶性循环的根本原因。必须认识到,只有实现草原生态良性循环,才能为草原畜牧业可持续发展奠定坚实基础,也才能满足建设生态文明的迫切需要。随着我国综合国力日益增强,农牧业综合生产能力不断提升,已经有条件更好地处理草原生态、牧业生产和牧民生活的关系。在新的历史条件下,牧区发展必须树立生产生态有机结合、生态优先的基本方针,走出一条经济社会又好又快发展新路子。

**二、总体要求**

（四）指导思想。以邓小平理论和"三个代表"重要思想为指导,深入贯彻落实科学发展观,牢固树立生态优先理念,以加快转变经济发展方式为主线,以保障改善民生为根本出发点和落脚点,进一步解放思想、锐意创新,进一步加大投入、强化支持,着力加强草原生态保护建设,实现生态良性循环;着力转变草原畜牧业发展方式,积极发展现代草原畜牧业;着力促进牧区经济全面发展,开辟牧民增收和就业新途径;着力增强基本公共服务能力,不断提高广大牧民物质文化生活水平,努力把牧区建设成为生态良好、生活宽裕、经济发展、民族团结、社会稳定的新牧区。

（五）基本原则。

——坚持生态优先,协调发展。把草原生态保护建设作为牧区发展的切入点,加大生态工程建设力度,建立草原生态保护长效机制,积极转变草原畜牧业发展方式,大力培育特色优势产业,促进牧区经济与人口、资源、环境协调发展。

——坚持以人为本,改善民生。把提高广大牧民的物质文化生活水平摆在更加突出的重要位置,着力解决人民群众最现实、最直接、最紧迫的民生问题,大力改善牧区群众生产生活条件,加快推进基本公共服务均等化,让广大牧民共享改革发展的成果。

——坚持因地制宜,分类指导。遵循自然、经济和社会发展规律,根据各类牧区不同的资源环境条件,科学确定各自的生态保护模式和产业发展重点。针对全国牧区发展不平衡的特点,分别采取有针对性的政策措施,重点加强对困难地区和薄弱环节工作的指导。

——坚持深化改革,扩大开放。以稳定和完善草原承包经营制度为重点,落实基本草原保护制度,健全草原畜牧业市场化、专业化发展和生态补偿机制,深化牧区农村综合改革,逐步建立有利于牧区科学发展的体制机制。统筹牧区与农区发展,加强与其他地区的良性互动,努力扩大对外开放,为牧区发展注入新的活力。

——坚持中央支持,地方负责。根据牧区特殊重要的战略地位和特殊困难,中央加大支持力度,实施特殊的强牧惠牧政策。促进牧区发展的主要责任在地方,地方各级政府要切实负起责任,调动广大牧民和各方面的积极性,促进牧区又好又快发展。

(六)发展目标。

——到2015年,基本完成草原承包和基本草原划定工作,初步实现草畜平衡,草原生态持续恶化势头得到遏制;草原畜牧业良种覆盖率、牲畜出栏率和防灾减灾能力明显提高;特色优势产业初具规模,牧区自我发展能力增强;基本实现游牧民定居,生产生活条件明显改善,基本公共服务供给能力和可及性明显提高,人畜共患病得到基本控制;贫困人口数量显著减少,牧民收入增幅不低于本省(区)农民收入增幅,牧区与农区发展差距明显缩小。

——到2020年,全面实现草畜平衡,草原生态步入良性循环轨道;草原畜牧业向质量效益型转变取得重大进展,牧区经济结构进一步优化;牧民生产生活条件全面改善,基本公共服务能力达到本省(区)平均水平;基本消除绝对贫困现象,牧民收入与全国农民收入的差距明显缩小,基本实现全面建设小康社会目标。

**三、加强草原生态保护建设,提高可持续发展能力**

(七)做好基本草原划定和草原功能区划工作。把保护基本草原和保护耕地放在同等重要的位置。加快制定基本草原保护条例,依法推进基本草原划定,落实基本草原保护制度,到2015年基本草原划定面积达到本地草原面积的80%。

根据全国主体功能区规划，加快草原功能区划工作。青藏高原中西部（含三江源、青海湖流域）、新疆帕米尔高原和准噶尔盆地、河西走廊、内蒙古西部等地区，坚持生态保护为主，以禁牧为主要措施，促进草原休养生息；青藏高原东部、内蒙古中部、新疆天山南北坡、黄土高原等地区，坚持生态优先、保护和利用并重，严格以水定草、以草定畜，适度发展草原畜牧业；内蒙古东部、东北三省西部、河北坝上、新疆伊犁和阿勒泰山地等地区，坚持保护、建设和利用并重，加大建设力度，全面推行休牧和划区轮牧，实现草畜平衡。

（八）加大草原生态保护工程建设力度。坚持重点突破与面上治理相结合、工程措施与自然修复相结合，全面加强草原生态建设。加大天然草原退牧还草工程实施力度，完善建设内容，科学合理布局草原围栏，加快重度退化草原的补播改良，提高中央投资补助标准，取消县及县以下资金配套。加强内蒙古中东部、河北坝上等京津风沙源区的草地治理，加大投入力度。启动草原自然保护区建设工程，对具有代表性的草原类型、珍稀濒危野生动植物以及具有重要生态功能和经济科研价值的草原进行重点保护。继续加强三江源、青海湖流域、甘南黄河水源补给区等地区草原生态建设。加快编制实施科尔沁退化草地治理、甘孜高寒草地生态修复、伊犁河谷草地保护等重点草原生态保护建设工程规划，恢复和提高水源涵养、水土保持和防风固沙能力。

（九）建立草原生态保护补助奖励机制。坚持保护草原生态和促进牧民增收相结合，实施禁牧补助和草畜平衡奖励，保障牧民减畜不减收，充分调动牧民保护草原的积极性。从 2011 年起，在内蒙古、新疆（含新疆生产建设兵团）、西藏、青海、四川、甘肃、宁夏和云南 8 个主要草原牧区省（区），全面建立草原生态保护补助奖励机制。对生存环境恶劣、草场严重退化、不宜放牧的草原，实行禁牧封育，中央财政按照每亩每年 6 元的测算标准对牧民给予禁牧补助，5 年为一个补助周期；对禁牧区域以外的可利用草原，根据草原载畜能力，确定草畜平衡点，核定合理的载畜量，中央财政对未超载的牧民按照每亩每年 1.5 元的测算标准给予草畜平衡奖励。补助奖励政策实行目标、任务、责任、资金"四到省"机制，由各省（区）组织实施，补助奖励资金要与草原生态改善目标挂钩，地方可按照便民、高效的原则探索具体发放方式。建立绩效考核和奖励制度，落实地方政府责任。

（十）强化草原监督管理。按照机构设置合理、队伍结构优化、设施装备齐全、执法监督有力的要求,进一步加强草原监管工作。落实草原动态监测和资源调查制度,每年进行动态监测,每5年开展一次草原资源全面调查。加强草原基础设施管护,保护草原生态建设成果。严格草原执法监督,加强草原征占用管理,依法查处非法征占用、乱开滥垦、乱采滥挖及其他侵占破坏草原的案件,及时纠正违反禁牧和草畜平衡管理规定的行为。严格草原植被恢复费征收和管理。在牧区半牧区县(旗、市)健全草原监理机构,加强执法队伍建设,保障工作经费,改善工作条件。

**四、加快转变发展方式,积极发展现代草原畜牧业**

(十一)促进草原畜牧业从粗放型向质量效益型转变。有步骤地推行草原禁牧休牧轮牧制度,减少天然草原超载牲畜数量,实现草畜平衡。加强草原围栏和棚圈建设,在具备条件的地区稳步开展牧区水利建设、发展节水高效灌溉饲草基地,促进草原畜牧业由天然放牧向舍饲、半舍饲转变,实现禁牧不禁养。优化生产布局和畜群结构,提高科学饲养和经营水平,加快牲畜周转出栏,增加生产效益。加强农牧结合,形成牧区繁育、农区育肥的生产格局。启动实施内蒙古及周边牧区草原畜牧业提质增效示范工程、新疆牧区草原畜牧业转型示范工程、青藏高原牧区特色畜牧业发展示范工程,支持肉牛(羊)标准化养殖小区(场)等建设,提高生产能力和水平。落实税收优惠和财政补贴等扶持政策,支持发展牧民专业合作组织,推进适度规模经营,提高草原畜牧业组织化程度。

(十二)加强基础能力和服务体系建设。强化科技支撑,完善服务体系,提高草原畜牧业发展水平。加大相关农业科研经费对牧区的支持力度,进一步加强优良畜种和草种选育、草原生态系统恢复与重建等关键技术的研发。加强草原畜牧业、草原生态等学科建设,培养专业技术人才。支持种畜繁育场、牧草良种繁育基地建设,提高优良种畜和牧草供种能力。加强动物疫病防控,落实动物防疫和疫畜扑杀补贴政策,有效控制布病、包虫病、结核病等人畜共患病和口蹄疫等重大传染性疾病。严格全程监管,保障畜产品质量安全。结合乡镇畜牧兽医站续建,提高建设标准,改善牧区基层畜牧业技术推广服务条件。开展科技特派员农村科技创业行动。选择当地符合条件的人员定向培养,充实基层农技推广队伍。开展牧民生产技术培训,加快推广优质饲草生产、牲畜舍饲半舍饲、品种改良、疫病防控等先进适用技术。

（十三）提高防灾减灾能力。抓紧编制牧区防灾减灾工程规划，尽快启动实施。支持雪灾易灾县（旗、市）建设饲草料储备库，建立饲草料储备制度。建设草原火灾应急通信指挥系统、防火物资储备库、防火站和边境防火隔离带，建立专业半专业防扑火队伍，开展技能培训和应急演练，提高草原防扑火能力。加强草原鼠虫害和毒害草防治基础设施建设，扩大防治面积，增加生物防治比例，加强草原外来物种入侵防控工作。完善草原防灾减灾应急预案，健全工作机制，保障工作经费。

（十四）加大生产补贴力度。针对牧区特点，完善草原畜牧业生产补贴政策。继续实施畜牧良种补贴政策，在对牧区肉牛和绵羊进行良种补贴基础上，将牦牛和山羊纳入补贴范围。在实行草原生态保护补助奖励机制的 8 个省（区），实施人工种植牧草良种补贴，中央财政每亩补贴 10 元；对牧民生产用柴油等生产资料给予补贴，中央财政每户补贴 500 元。加大牧区牧业机械购置补贴支持力度。发展多种形式的草原畜牧业保险，对符合条件的畜牧业保险给予保费补贴。

（十五）稳定和完善草原承包经营制度。按照权属明确、管理规范、承包到户的要求，积极稳妥地推进草原确权和承包工作。依法明确草原权属，实现草原承包地块、面积、合同、证书"四到户"，保持草原承包关系稳定并长久不变。建立地方政府草原承包工作目标责任制，落实工作经费，力争用 5 年的时间基本完成草原确权和承包工作。强化草原承包合同管理，健全草原承包档案。在依法自愿有偿和加强服务的基础上，规范承包经营权流转，防止以流转为名改变草原用途。因建设需要征占用草原的，应当依法进行征地或用地补偿，并做好被征占用地牧民的安置工作。草原上特殊物种资源管理和经营由当地政府制定专门管理办法。

**五、促进牧区经济发展，拓宽牧民增收和就业渠道**

（十六）积极发展牧区特色优势产业。发展特色农畜产品加工业，培育壮大龙头企业，延长产业链条，提高产品附加值。在保护草原生态的前提下，有序开发矿产资源，整顿开发秩序，提高开发水平。积极发展风电、太阳能发电等清洁能源，有序开发建设水电，因地制宜发展生物质能。大力发展循环经济，提高资源综合利用水平。完善民族医药标准体系和检测体系，合理开发利用药用动植物资源，扶持民族医药产业发展。落实税收优惠政策，继续扶持少数民族特需商品和民族手工艺品生产企业发展。发展现代物流服务业,加强牧区畜产品批发交易市场和商业零售网点建设。进一步发掘民族文化、民俗文化、草原文化和民族民间传统体育,发展以草原风光、民族风情为特色的草原文化产业和旅游业。加强重点旅游景区基础设施建设,打造一批精品旅游线路,形成一批国内外知名的旅游目的地。

(十七)不断提高牧区对内对外开放水平。抓住区域间产业转移的机遇,依托牧区资源优势,积极吸引发达地区企业到牧区投资兴业,促进和提高特色优势产业发展水平。加强牧区与其他地区的经济技术合作与交流,实现互利共赢。利用上海合作组织等区域合作平台,促进与周边国家和地区的经济技术合作。鼓励和支持牧区企业参与对外投资、对外承包工程和对外劳务合作。加强重点边境城镇、口岸基础设施和物流中心建设,规范并促进边民互市贸易区(点)的发展,落实边民互市优惠政策,促进口岸经济发展。

(十八)加大对牧区特色优势产业发展的支持力度。支持有条件在牧区发展的清洁能源和不破坏生态环境的资源开发利用项目优先布局建设并审批核准。现有中小企业发展专项资金、科技型中小企业技术创新基金、企业技改贴息资金和生产补助资金等对牧区符合条件的项目给予适当倾斜。对设在西部地区的鼓励类产业牧区企业减按15%的税率征收企业所得税。在安排土地利用年度计划指标时适当向牧区倾斜。鼓励外资参与提高矿山尾矿利用率和矿山生态环境恢复治理新技术开发应用项目。鼓励银行业金融机构加大对牧区金融服务力度,探索利用政策性金融手段支持牧区重点产业发展。落实涉农贷款税收优惠、农村金融机构定向费用补贴、县域金融机构涉农贷款增量奖励等优惠政策,进一步落实和完善县域法人金融机构将新增可贷资金主要留在当地使用的政策。引导银行业金融机构增加牧区特别是边远牧区服务网点,消除牧区金融服务空白乡镇。支持融资性担保公司发展牧区业务。

(十九)促进牧民转产转业。实施更加积极的就业政策,按规定为符合条件的转移就业牧民提供免费就业信息和职业介绍等服务,落实职业培训补贴、职业技能鉴定补贴、牧区未继续升学的应届初高中毕业生参加劳动预备制培训补贴等政策,提高牧民素质和转产转业能力,减轻草原人口承载压力。加强劳务品牌培育和推介,有序组织牧民劳务输出,加强公共就业服务体系建设,加强市场监管,规范发展就业中介服务,为牧民提供高效优质的就业服务。鼓励牧区企业积极吸纳牧民就业。做好外出务工牧民社会保险关系转移接续工作。设立毒草治理、围栏管护、减畜监督、防火、鼠虫害测报等草原管护公益岗位,组织牧民开展草原管护。

**六、大力发展公共事业,切实保障和改善民生**

(二十)加强牧区基础设施建设。加快实施牧区饮水安全工程,尽快解决牧民饮水安全问题,优先解决游牧民定居点供水,进一步提高供水保证率和水质合格率,同步解决牲畜饮水困难问题。加大牧区农村公路和口岸公路建设投入力度,加快实施建制村通油路工程,支持主要转场牧道建设,加强农村公路养护。支持牧区适度建设支线机场和通勤机场。加强牧区铁路建设。进一步推进牧区电网改造升级和无电地区电力建设,因地制宜发展太阳能、风能等新能源,结合实施"金太阳"示范工程支持牧民建设户用太阳能光伏发电系统。加强牧区通信网络建设,逐步消除电信服务空白点。对中央安排的西部牧区公益性基础设施建设项目,取消县及县以下配套资金。

(二十一)加快实施游牧民定居工程。加大游牧民定居工程建设投入力度,将牧民基本生产生活设施纳入建设内容,在高寒高海拔边境地区根据水资源条件,因地制宜建设小型水利设施和饲草基地,在藏区建设青稞基地,力争到2015年基本完成游牧民定居任务。牧区地方政府要积极整合农村饮水安全、农村公路建设等项目资金,确保定居点的水电路和通信等基础设施配套;要落实配套资金,加大对困难游牧民和边境线地区游牧民的补助力度。加快实施牧区危房改造和抗震安居工程,统筹推进新牧区和小城镇建设。

(二十二)大力发展牧区社会事业。巩固提高义务教育质量和水平,推进寄宿制学校标准化建设,逐步提高牧区义务教育阶段家庭经济困难寄宿生生活补助标准。加快普及高中阶段教育,大力发展符合牧区发展需要的中等职业教育,逐步免除中等职业学校牧区学生学费。因地制宜开展双语教育,加强双语师资队伍建设。积极发展学前教育,加快牧区幼儿园建设。提高公共卫生服务能力,加强牧区急救体系和妇幼保健能力建设,加大地方病和重大传染病防治力度。巩固提高新型农村合作医疗参合率,逐步提高政府补助标准和报销比例,提高统筹层次。健全三级医疗卫生服务网络,加强以全科医生为重点的卫生人才队伍建设,开展流动巡回医疗服务,发展远程医疗。继续推进基层人口和计划生育服务体系建设,积极实施少生快富工程,完善农村计划生育家庭奖励扶助和计划生育特别扶助政策。"十二五"期间实现牧区新型农村社会养老保险制度全覆盖。进一步完善牧区社会救助和社会福利体系。继续实施重点文化和体育惠民工程,广泛开展公共文化体育服务和群众体育健身活动。加强少数民族语言文字广播影视节目译制制作播映,增加适合牧民的少数民族文字出版物。加大文化遗产保护力度。加强少数民族传统体育项目保护和推广。

(二十三)加大牧区扶贫开发力度。加大中央及省级财政对牧区半牧区县(旗、市)的转移支付力度,逐步缩小地方标准财政收支缺口。加大财政扶贫资金、以工代赈资金投入,加强项目资金整合。加大牧区信贷扶贫资金投入,大力发展扶贫小额信贷。对牧区贫困乡村实行整村(乡)推进扶贫,对集中连片特殊困难地区实行连片开发、综合治理,重点支持改善基本生产生活条件,扶持特色优势产业发展。对生态环境脆弱、不具备生活条件的地区,积极稳妥推进异地扶贫搬迁工程建设。完善扶贫开发工作机制,把政府支持与社会广泛参与更好地结合起来,引导社会资源投入扶贫开发事业。加大兴边富民行动规划实施力度。加大边境地区专项转移支付力度,支持边境省(区)建立边民补助机制。

(二十四)促进民族团结和社会稳定。全面贯彻党的民族政策,坚持和完善民族区域自治制度,牢牢把握各民族共同团结奋斗、共同繁荣发展的主题,巩固和发展平等团结互助和谐的社会主义民族关系,深入开展民族团结宣传教育工作,大力推进民族团结进步创建和表彰活动。全面贯彻党的宗教工作基本方针,加强对宗教组织和信教群众的服务,提高依法管理宗教事务的水平,维护宗教和睦和社会和谐。健全党委领导、政府负责、社会协同、公众参与的社会管理格局,构建具有牧区特色的社会管理体系。巩固和加强党的基层组织,加强基层党组织带头人队伍和基层政权建设。深化乡镇机构改革,加强基层干部队伍建设,稳定和充实乡村干部队伍,落实基层干部待遇政策。继续加强社会组织建设和管理,培育各类民间服务性组织,发挥其在联系社区、沟通民意等方面的重要作用。加强基层民主管理,健全村级组织运转经费保障机制,加大对村级公益事业建设"一事一议"财政奖补力度,全面清理化解农村义务教育债务,积极稳妥开展其他公益性债务清理化解试点工作。

### 七、切实加强对牧区工作的组织领导

（二十五）落实地方政府责任。地方各级政府要充分认识牧区发展的紧迫性、艰巨性和长期性，切实把促进牧区又好又快发展工作摆上重要位置，统一思想，加强领导，全面部署，狠抓落实，确保牧区工作不断取得新进展。要根据中央要求，从实际出发，明确发展目标，研究制定本地区促进牧区发展的实施方案和政策措施。省级政府对牧区工作负总责，一级抓一级，逐级落实责任制。要建立工作协调机制，明确各部门工作职责，强化政策实施监督检查。要深入实际调查研究，加强工作指导，及时研究解决牧区发展中出现的新情况、新问题，妥善处理好改革、发展和稳定的关系。

（二十六）加强指导和支持。各有关部门要充分认识促进牧区发展的重要意义，认真履行职责，加强工作指导，加大工作力度，积极落实各项政策措施，支持地方政府做好工作，为促进牧区又好又快发展创造良好条件。国家民委要加强对牧区发展工作的综合协调和督促检查。农业部要认真履行规划指导、监督管理、协调服务职能，做好草原生态保护建设和草原畜牧业发展工作。发展改革委、财政部要落实支持牧区发展的资金。其他有关部门也要根据促进牧区又好又快发展的总体要求，结合各自职能，明确职责和任务，强化工作措施。各部门要加强衔接，细化方案，密切配合，形成合力，把各项政策措施落到实处。承担对口援藏、援疆、援青工作的省（市）及中央企业，在开展对口支援工作中要重点向牧区倾斜。

国务院

二〇一一年六月一日

# 附录 D  青海典型牧区乡村调研报告

## 青海省同德县尕巴松多镇贡麻村村庄调研报告

调研时间:2015 年 9 月 13 日,星期日

调研人员:林楚阳 赵晓亮 刘云

访谈村民:12 位

## 1  村庄概况

### 1.1  区位区划

贡麻村距同德县城约 3 千米,有一条盘山道路通往县城,另有一条道路连接省道。

### 1.2  地理形态

贡麻村为山区地形,海拔约有 3 400 米,村域面积约为 7 575 公顷;村中游牧民族定居点处为平原地形,其余村域都为山地。

### 1.3  人文历史

贡麻村为藏族村,保留着传统的藏族游牧传统。

### 1.4  经济产业

村中产业主要以畜牧为主,农业种植兼顾。

耕地面积约有 1 745 亩,主要种植草籽、油菜;草山面积约有 110 454 亩,于 1996 年分配到各户村民手中,人均约有 40 亩草场;村中共有 11 700 头牛羊。村中大部分人都以畜牧业为主,少数村民会外出务工。村民年人均收入约为 4 387 元。

村集体建立农业合作社经营耕地,现于同德县产业园区兴办一家油菜加工厂,规模约 34 亩,2015 年开始运营,预计收入 50 万元。

### 1.5  整体风貌

贡麻村进行过新农村规划,结合美丽乡村建设、党政军企等项目的支撑,于 2009 年开始住房整治。由于地处藏区,游牧民族居多,仅在集中农业点有较为集

中的住房（为统一新建），村容村貌较为整齐，但卫生环境稍显脏乱。村中还保留着传统藏族的经幡等宗教物品。

村庄风貌

## 2　设施建设

### 2.1　道路交通

　　村中对外道路未实现硬化，为砂石路；村庄内部道路因新村规划得到硬化，但质量较为一般。

　　贡麻村没有村镇公交或客运专车。

村庄道路现状

## 2.2 学校

村内有一所贡麻村寄宿学校,包含幼儿园和小学,幼儿园教授藏语和汉语,有食堂、寝室,近年来设施逐渐改善;小学主要教授1~3年级学生文化,全校共有9个班,教师为县教育局下派,基本满足教学要求,但教学设施欠缺,覆盖周边五个村落。

村中学校

## 2.3  卫生室

村卫生室位于村委会处,仅能治疗感冒等小病。

## 2.4  文体、养老

村中、乡里都没有敬老院。

村中的文化图书室、活动室、健身设施等都已经建设完全,村民使用率较高。

村委会及活动场所

## 2.5　商业服务

村中有小商店,能够提供普通的食品和生活用品,其他用品需到县城购买。

## 2.6　环卫

村中无专人打扫卫生,需村民个人清理,无垃圾收集设施;有一个垃圾集中填埋点,但距集中居住点较远,村民需要自行把垃圾送去填埋点。居住在草场的村民需对垃圾做自行挖坑填埋处理。

## 2.7　基础设施

基础设施建设非常落后,自来水、污水、供暖等设施建设一环扣一环,建设难度非常大。

村中还未实现自来水的全覆盖,集中居民点的村民有自来水,水源为地表水,水质一般,几户居民共用一个水井。

村中有建设边沟,但排水效果不佳,并没有起到排污、排水的作用。

村中没有暖气,村民只能靠烧火炉保暖;并且村民的燃料基本上都为牛粪、羊粪。

村中网络较为不稳定,手机容易接收不到信号,并且村中也没有网线上网。

村中共有 83 户没有通电,集中居民点基本全部通电。

最为严重的是村中没有厕所,村民都是随便找一个地方解决。

## 3　居住生活

### 3.1　人口流动与外出务工

村中常住人口约为 1 077 人,户籍人口约为 1 077 人,共 239 户。约有 40 多人会外出务工,其务工时间都不长,由于教育程度低、没有一技之长,加上只会说藏语,村民的务工地点都集中在同德县城内,且只能做一些技术含量较低的体力活等。

村中流动人员不多,只有教育水平较高的年轻人会走出农村,教育水平仅为初中或高中的村民虽然有一定的眼界和教育水平,但受限于工作岗位,大部分人还是会回到村中从事畜牧业。

村中人口年龄结构相对合理,全村 60 岁以上人口约为 63 人。

### 3.2　自然村分布

贡麻村仅有 1 个集中居住点,为游牧民族定居点,为 156 户,居住人群多为家中无牲畜或牲畜数量较少的村民;剩下的 83 多户人家分散在草场深处,在自家分配到的草场边定居。

### 3.3　住宅建设

从 2009 年开始进行新村建设工作,建造了 213 套房屋,通过危房改造和奖励性住房的政策为村民提供一定的住房补贴。一套房屋建造成本约为 6.4 万元,其中政府补贴 4.3 万元,村民自筹 1 万元;房屋有统一规划,宅基地约为 0.6亩。但村民家中的院子基本没有打理,多数长满杂草,或堆积牛粪。

村庄房屋建设情况

## 4　问题总结

### 4.1　村庄调研问题总结

① 村中基础设施建设相当滞后,供水、排水、卫生等都存在问题;资金短缺加上游牧民族的传统习惯,导致村中游牧民族集中居民点仍未建设厕所。

② 村民受教育程度低,全村村民都只会说藏语,不会说汉语,同时村民职业技能低,无法走出藏区务工,也无法了解藏区之外的世界和生活。村民思想意识较为闭塞,生活观念、生产观念还受传统藏族文化的限制,其对于改变生活现状并未有过多想法,满足每天的生活即可。

③ 村民大部分都已申请贷款,但是每年都处于一种"以贷还贷"的状态,年收入仅能够支付利息,因此依照传统游牧方式生活将会越来越穷。

④ 政府提倡的美丽乡村建设对贡麻村来说,仅是房屋建设、村内道路硬化、路灯等改造,并未涉及过多的基础设施改善,村民的生活水平也未有实质性的改变。

### 4.2　调研感想

藏族村落保留着较为完整的游牧传统,但是看天吃饭的畜牧业也仅仅能够维持村民的温饱,甚至使村民越来越穷。受到地形、纬度、海拔的影响,高原村落能够发展的产业有限,基础设施建设的落后也阻碍了旅游业的发展。同时,村民自身文化素质的低下导致了其就业渠道有限,虽然政府针对这个问题有开展相应的技能培训,但很难在短期内解决实际问题。

汉语普及程度低导致了藏族地区与外界交流的障碍。虽然自美丽乡村建设以来,村民的思想观念有了较大的改善,对于子女未来的出路也会考虑向外发展,但是传统的游牧、宗教观念仍然阻碍着藏区吸收外界信息、知识。

民族特色的保留和村庄经济水平的提升存在一定矛盾。

## 青海省泽库县宁秀乡赛龙村村庄调研报告

调研时间:2015 年 9 月 14 日,星期一

调研人员:林楚阳 赵晓亮 刘云

访谈村民:8 位

# 1　村庄概况

## 1.1　区位区划

赛龙村距泽库县城约 90 千米,其紧邻省道,交通条件优越。

**1.2　地理形态**

赛龙村为高原山区地形,海拔约有 3 200 米,村域面积约为 100 公顷;村域范围内都为山地,村中游牧民族定居点处地势较平坦,其余村域都为山地地形。

**1.3　人文历史**

赛龙村为藏族村,保留着传统的藏族游牧传统,村中还保留着制作藏袍的传统手艺。

**1.4　经济产业**

村中产业主要以畜牧为主,农业种植兼顾,同时还正在计划发展第三产业。

耕地面积约有 27 000 亩,主要种植燕麦,用于牲口饲料,耕地已分配到村民手中,收益大约为 300 元/亩;草山面积约有 23.6 万亩,其中约有 13 万亩已经禁牧。

村中有一个农业合作社,主要经营有机生态畜牧业,村中约有 420 户,2 300 多人加入合作社;合作社为去年成立,受到县级、乡级政府的技术扶持,其采用的运作方式为冬天集中养殖,夏天分散到草场中,统一管理、统一出售、年底分红,由于运营时间短,去年年底分红约为 170 元/人。

村中约有 30 户村民承包土地,种植草料,租金约为 200 元/亩;其中村书记承包了约 1 000 亩,收益可达到 500~600 元/亩。同时,村中还有约 200 亩的土地作为种植试验地,主要种植人参果、玛卡等作物。

村中除了畜牧业,还有羊毛被加工厂、藏袍加工厂等产业,都为本村村民自发经营;其中羊毛被加工厂为村中大学生回乡创业成立,有 9 名工人,解决了一部分剩余劳动力的就业问题。

此外,村中还计划发展第三产业,主要为“牧家乐”,即利用交通优势,以合作社的形式发展餐饮、住宿等。

去年村民人均收入约为 5 960 元。

**1.5　整体风貌**

赛龙村于 2009 年开始实施游牧民定居点工程,并在 2014 年开始实施美丽乡村规划。由于地处藏区,赛龙村游牧民族居多,仅在牧民定居点有集中的住房,村容村貌较为整齐,为方格网格局;村中卫生环境较好,但道路上会有牛羊粪。

村庄风貌

## 2  设施建设

### 2.1  道路交通

赛龙村紧邻省道,路况较好,往来车辆较多;村中道路在 2009 年实现了硬化,但实施质量较差,现状十分破败,尘土飞扬。赛龙村没有村镇公交或客运专车。

村庄道路现状

## 2.2 学校

学校经历过撤并，村中只有幼儿园，但新建的幼儿园还未正式运营；距集中居民点 2 千米有一所完小（完全小学），为隔壁村的小学，为寄宿制；初中需要到县上就学，学校没有校车，村里的学生都住校，每月上 20 天课，放假 10 天。

## 2.3　卫生室

村卫生室位于村委会处，仅能治疗感冒等小病。

## 2.4　文体、养老

村中、乡里都没有敬老院。

村中的文化图书室、活动室、篮球场、健身设施等都已经建设完全，村中文化广场有约 5 000 平方米。

村委会及活动场所

## 2.5　商业服务

村中有几家小卖部,出售一些零食等生活用品,但日常食品还需要去县里购买;村中还有药店。

## 2.6　环卫

村中无专人打扫卫生,都为村民个人清理,村中没有垃圾收集设施,只有集体挖的一个垃圾填埋点,但村民需要自行把垃圾送去填埋。居住在草场的村民也需自行挖坑填埋处理垃圾。

## 2.7　基础设施

游牧民族集中居民点已经实现了自来水的全覆盖,水源为泉水,水压较低,会出现用不上水的情况。

村中没有建设边沟、管道等污水收集设施,村民生活废水都为直接排放。

村中没有暖气,村民只能靠烧火炉保暖;村内燃料基本上都为牛粪、羊粪。

村中没有网线上网。

集中居民点的村民基本上实现了供电的全覆盖,但分散的村民还未有通电。

每户居民都有修建厕所,都为旱厕。

# 3　居住生活

## 3.1　人口流动与外出务工

村中常住人口约为2 674人,户籍人口约为2 674人,共513户。每年夏天有约700~800人外出挖虫草,时间持续1~2个月;在县内打工的村民约有十几人。

村中人员流动不多,只有教育水平较高的年轻人会走出农村,村中 20 岁以下的年轻人基本都在外上学;现阶段约有 40 多位大学生,有返乡创业的大学生,也有的待业在家。

村中人口年龄结构相对合理,全村 60 岁以上人口约为 184 人,老龄化现象不严重。

### 3.2　自然村分布

赛龙村仅有 1 个集中居住点,为游牧民族定居点,为 300 户,约 1 500 人,剩下 200 户村民分散在草场深处,在自家分配到的草场边定居,其中约有 50 户居民没有享受住房改造,仍为自家建设的土坯房。

### 3.3　住宅建设

从 2009 年开始进行游牧民集中居民点建设,共建设了 364 户,但 2009 年集中居民点并未实现水、电、路的覆盖,入户率不到 50%;2014 年开始美丽乡村建设之后,集中居民点的基础设施建设较好,入住率已经达到 100%。一套房屋建

村庄房屋建设情况

造成本约为 6.4 万,其中政府补贴 4.3 万,村民自筹 1 万;房屋有统一规划,房屋面积约为 60 平方米,宅基地约为 2 亩。村民家中的院子用途繁杂,有的用于粮食种植、有的用于杂物堆放,也有的已经废弃,杂草丛生。

## 4　问题总结

### 4.1　村庄调研问题总结

(1) 村中基础设施建设仍然存在问题,道路修建质量、供水稳定等方面都需要进一步加强;环卫方面也急需改善。

(2) 藏区居民的思想仍然比较保守,对于一些产业仍持观望态度。

### 4.2　调研感想

赛龙村发展相对较好,村中"能人"众多,特别是村委会书记,带头致富,并且较为有想法;自从游牧民集中居住点建设以来,藏区游牧居民的思想正在慢慢转变,从对下一代的教育重视程度逐渐提高可以看出;虽然传统的畜牧业在短时间内无法改变,但村民也开始意识到传统的养殖业仅能满足生活温饱,并不能有进一步的发展;因此现在正是藏民思想转变的重要时刻,政府应该提高重视程度,加强对藏民就业、思想观念转变提升的进一步引导,进而把藏族村民从原始、传统的畜牧业中解放出来,使其实现生活上质的改变。

## 青海省泽库县和日乡和日村村庄调研报告

调研时间:2015 年 9 月 15 日,星期二

调研人员:林楚阳 赵晓亮 刘云

访谈村民:8 位

## 1　村庄概况

### 1.1　区位区划

本村隶属泽库县和日乡,位于和日乡西部,距县城 48 千米。和日村位于和日集镇外围,临近省级文物保护单位和日寺院,该村处在泽同公路沿线,离宁果公路 13 千米。

### 1.2　地理形态

和日村所在地平均海拔 3 300 米,最高点山海拔 3 800 米,最低点海拔 3 200
米。村庄建设用地范围内地势较为平坦,有利于开展生产生活规划布局与建设。

### 1.3　人文历史

和日村为藏族村,少部分人保留着传统的藏族游牧传统,其他人已经开始从
事第二产业的生产与经营。

### 1.4　经济产业

石雕艺术国内外享有很大名气,已列入国家级非物质文化遗产,开发潜力很
大。和日村在泽库县政府支持下,已经具备石雕艺术产业发展的初步规模,具有
一定的知名度,产业优势独一无二,对于广大牧民定居后实现产业转型,劳动致
富具有带动示范作用。村民基本都会石雕手艺,石材村内自给。

草山面积约 3.5 万亩,于 1996 年分配到各户村民手中,人均约有 145 亩草
场;村里只有少量牛、羊。村中大部分人都以从事石刻工艺为主,少数村民会外
出务工,约 20 人。村民人均年收入约为 4 500 元。

### 1.5　整体风貌

和日村进行过新农村规划,结合美丽乡村建设、党政军企等项目的支撑,
2004 年三江源生态移民迁入人数约 120 人,于 2009 年开始住房整治。全村共
241 户,其中有 230 户都在集中定居点居住,村容村貌较为整齐,镇上有垃圾处
理厂,村里有垃圾转运车,因此环境卫生较好。还保留着传统藏族的经幡等
宗教物品。该村属于传统文化村落,在和日寺有一处约 200 年历史的石
经墙。

村庄风貌(自摄)

## 2　设施建设

### 2.1　道路交通

村中聚居点道路 2014 年已完成硬化,质量较好,和日村位于和日集镇外围,交通较为方便。和日村没有村镇公交或客运专车。

村庄道路现状(自摄)

### 2.2　学校

村里没有学校,村里儿童到镇上上幼儿园、小学,初中生到县城就读寄宿制学校,教学质量较好。

### 2.3　卫生室

村卫生室位于村委会处,仅能治疗感冒等小病。

### 2.4　文体、养老

村中、乡里都没有敬老院。

村中的文化图书室、活动室、健身设施等都已经建设完全,村民使用率较高。

村委会及活动场所(自摄)

## 2.5　商业服务

村中没有商店,生活用品都需要去镇上购买。

## 2.6　环卫

村中有专门的垃圾转运车,统一运送到镇上的垃圾处理厂处理。每家每户都有旱厕。

## 2.7　基础设施

基础设施建设非常落后,污水、供暖等设施建设一环扣一环,建设难度非常大。

村中还未实现自来水的全覆盖,水引自泉水,没有经过处理,水质一般。

村中没有建设边沟、管道等污水收集设施,村民生活废水都为直接排放。

村中没有暖气,村民只能靠烧火炉保暖;并且村民的燃料基本上都为牛粪、羊粪。

村中网络较为不稳定,手机容易接收不到信号,并且村中也没有网线上网。

村中集中居民点都已通电,分散的住房没有通电。

## 3　居住生活

### 3.1　人口流动与外出务工

村中常住人口约为878人,户籍人口约为878人,共241户。约有20多人会外出务工,但务工时间都不长。由于教育程度低、没有一技之长,加上只会说藏语,村民的务工地点都集中在泽库县城内,且只能做一些技术含量较低的体力活等。

村中人员流动不多,只有教育水平较高的年轻人会走出农村,教育水平仅为初中或高中的村民虽然有一定的眼界和教育水平,但工作岗位还是受限。

村中人口年龄结构相对合理,全村60岁以上人口约为70人。

### 3.2　自然村分布

和日村仅有1个集中居住点,为游牧民族定居点,为230户,居住人群多为家中无牲畜或牲畜数量较少的村民;剩下的11户人家分散在草场深处,在自家分配到的草场边定居。

### 3.3　住宅建设

从2009年开始进行新村建设工作,建造了230套房屋,通过危房改造和奖励性住房的政策为村民提供一定的住房补贴。一套房屋建造成本约为6.4万,其中政府补贴4.3万,村民自筹1万;房屋有统一规划,宅基地约为1.3亩。但村民家中的院子基本没有打理,多数长满杂草。

村庄房屋建设情况(自摄)

# 4　问题总结

## 4.1　村庄调研问题总结

① 村中基础设施建设相当滞后,供水、排水等都存在问题;环卫设施较好,石雕产业已初步得到发展。

② 村民受教育程度低,全村村民都只会说藏语,不会说汉语,同时村民职业技能低,导致了村民无法走出藏区务工,也无法了解藏区之外的世界和生活,村民思想意识较为闭塞,生活观念、生产观念还受传统藏族文化的限制,其对于改变生活现状并未有过多想法,满足每天的生活即可。

③ 村民大部分都已申请贷款,但是每年都处于一种"以贷还贷"的状态,每年的收入仅能够支付利息,因此依照传统游牧方式的生活将会越来越穷。

④ 政府提倡的美丽乡村建设在和日村来说,仅是房屋建设、村内道路硬化、路灯等设施,并未涉及过多的基础设施改善,对于村民的生活水平来说,也未有实质性的改变。

## 4.2　调研感想

该村石雕艺术国内外享有很大名气,已列入国家级非物质文化遗产,开发潜力很大。但是受到地形、纬度、海拔的影响,高原村落能够发展的产业依然有限,基础设施建设的落后也阻碍了旅游的发展,同时村民自身文化素质的低下导致了其就业渠道有限,虽然政府针对这个问题有开展相应的技能培训,但很难在短期内解决实际问题。

汉语普及程度低导致了藏族地区与外界交流的障碍。虽然自美丽乡村建设以来,村民的思想观念有了较大的改善,对于子女未来的出路也会考虑向外发展,但是传统的游牧、宗教观念仍然阻碍着藏区吸收外界信息、知识。

民族特色的保留和村庄经济水平的提升存在一定矛盾。

## 青海省河南县优干宁镇阿木乎村村庄调研报告

调研时间:2015 年 9 月 16 日,星期三

调研人员:林楚阳 赵晓亮 刘云

访谈村民:2 位

# 1 村庄概况

## 1.1 区位区划

阿木乎村距河南县城约 14 千米,阿赛公路穿村而过。

## 1.2 地理形态

阿木乎村为山区地形,海拔约为 3 450 米;2011 年开始游牧民定居点建设,共建 96 户,但由于条件有限,最大规模的集中点只有 30 多户。

## 1.3 人文历史

阿木乎村为蒙古族村,但牧民基本已经藏化,基本不会说蒙语,而是藏语,生活习俗、穿着等都已经演变为藏族风格。但他们依然保留了一些蒙古族传统的节日。

## 1.4 经济产业

村中产业主要以畜牧为主,没有耕地。

草场总面积约有 25.25 万亩,全村共有 4 个牧业合作社,其中包括 14 个生产小组,每组分 50 只羊,村里共有羊 800 多只,牛 100 多头。县里投资 100 万建立了销售站,统一出售牛奶、酥油、酸奶等畜产品。每个牧民一年能分到 500~900 元。

村里通过自筹、政府补贴、贷款来筹集资金在县城建立了一个农贸市场,目前所有店面都已外租,每月租金 1 300 元/套,共有 50 多套。

每户最少有 5 000 元的禁牧补贴。

## 1.5　整体风貌

阿木乎村没有做过新农村规划,2011 年开始游牧民定居点建设,共建 96 户,但由于条件有限,最大规模的集中点只有 30 多户。今年开始完善基础设施,目前道路都已通达且已硬化,水电还没有通,也没有排水、排污、环卫设施。

村庄风貌(自摄)

## 2　设施建设

### 2.1　道路交通

村中道路都已通达且已硬化,但质量较为一般。阿赛公路穿村而过,对外交通较为方便。阿木乎村没有村镇公交或客运专车。

### 2.1　学校

学生都到县城上学,县里成立了专门的蒙语班,教年轻人说蒙古语。

村庄道路现状(自摄)

## 2.2 卫生室

村里没有卫生室,村民只能到县城看病就医。

## 2.3 文体、养老

村中、乡里都没有敬老院。

村中的文化图书室、活动室、篮球场、健身设施等比较欠缺。

村委会及活动场所(自摄)

## 2.4　商业服务

村中没有商店,生活用品都需要去县城购买。

## 2.5　环卫

村中无专人打扫卫生,都为村民个人清理,且无垃圾收集设施;村中有一个垃圾集中填埋点,但距集中居住点较远,村民需要自行把垃圾送去填埋点。居住在草场的村民,垃圾则自行挖坑填埋处理。

## 2.6　基础设施

基础设施建设非常落后,自来水、污水、供暖等设施建设一环扣一环,建设难度非常大。

村中还未实现自来水的全覆盖,集中居民点的村民有自来水,水源为地表水,水质不好。

村中没有建设边沟、管道等污水收集设施,村民生活废水都为直接排放。

村中没有暖气,村民只能靠烧火炉保暖;并且村民的燃料基本上都为牛粪、羊粪。

村中网络较为不稳定,手机容易接收不到信号,并且村中也没有网线上网。

村里除了集中居住点外,其余的都没有通电。

最为严重的是村中没有厕所,村民都是随便找一个地方解决。

# 3　居住生活

## 3.1　人口流动与外出务工

村中常住人口约为 1 063 人,户籍人口约为 1 034 人,共 243 户。约有 100 多人会外出务工,其务工时间都不长。由于教育程度低、没有一技之长,加上只会说藏语,村民的务工地点都集中在河南县城内,同时只能做一些技术含量较低的体力活等。

村中人员流动不多,只有教育水平较高的年轻人会走出农村,如果教育水平仅为初中或高中的村民,其虽然有一定的眼界和教育水平,但受限于工作岗位,大部分人还是会回到村中进行畜牧业。

村中人口年龄结构相对合理,全村 60 岁以上人口约为 88 人。

### 3.2 自然村分布

阿木乎村仅有 1 个集中居住点,为游牧民族定居点,30 户人家居住在此,居住人群多为家中无牲畜或牲畜数量较少的村民;剩下的 200 多户人家分散在草场深处,在自家分配到的草场边定居。

### 3.3 住宅建设

从 2011 年开始进行新村建设工作,建造了 96 套房屋,通过危房改造和奖励性住房的政策为村民提供一定的住房补贴。一套房屋建造成本约为 6.4 万,其中政府补贴 4.3 万,村民自筹 2 万;房屋有统一规划,宅基地约为 0.6 亩。

村庄房屋建设情况(自摄)

## 4 问题总结

① 村中基础设施建设相当滞后,供水、排水、卫生等都存在问题;由于资金短缺和游牧民族的传统习惯,村中游牧民族集中居民点仍未建设厕所。

② 村民受教育程度低,全村村民都只会说藏语,不会说普通话,同时村民职

业技能低,导致了村民无法走出牧区务工,也无法了解牧区之外的世界和生活,村民思想意识较为闭塞,生活观念、生产观念还受传统蒙古族族文化的限制,其对于改变现状生活并未有过多想法,满足每天的生活即可。

③ 村民大部分都有贷款,但是每年都处于一种"以贷还贷"的状态,每年的收入仅能够支付利息,因此依照传统游牧方式的生活将会越来越穷。

④ 目前的村庄建设在阿木乎村来说,仅是房屋建设、村内道路硬化、路灯等设施,并未涉及过多的基础设施改善,对于村民的生活水平来说,也未有实质性的改变。

# 附录 E　内蒙古典型牧区乡村调研报告

## 内蒙古东乌珠穆沁旗呼热图苏木呼特勒敖包嘎查村庄调研报告

调研时间:2015 年 11 月 05 日,星期四

调研人员:张立恒 布仁巴图 康美 林楚阳

访谈村民:3 位

## 1　村庄概况

### 1.1　区位区划

呼特勒敖包位于呼热图苏木政府东北部,距离约有 1 千米,距东乌旗旗约 190 千米,仅有一条省道由东乌旗通至呼热图苏木政府,苏木至嘎查没有硬化道路,都为草场里的土路。

### 1.2　地理形态

呼特勒敖包村域面积约为 640 平方千米,地形平整,略有起伏,全为草场。

### 1.3　人文历史

呼特勒敖包为典型的草原蒙族村,村中牧民全为蒙古族,保留有一定的蒙古族文化,如蒙古服饰、歌曲、蒙古包等等,但并非历史文化村。

### 1.4　经济产业

呼特勒敖包嘎查产业为畜牧业,村中草场面积约为 96 万亩,人均草场面积可达 2 200 亩,户均牲畜约为 300 只,牧民靠放牧维持生计,往年高时,人均收入可达 15 000 元,2015 年羊价下跌较为严重,人均收入较低;呼特勒敖包草场质量较好,沙化不严重,禁牧较少,牧民采用轮牧的方式进行放牧,每年都有当地的企业来村中收羊。

村民的补贴主要为草场补贴及燃油补贴,草场补贴主要为“草蓄平衡”的补贴,1.71 元/亩,燃油补贴为每户 500 元/年。

嘎查有集体的草场,约有 600 亩草场,700 多头羊,每年集体收入可达 7 万元;集体收入用于管理集体的草场、冬季购买草料等。

### 1.5　整体风貌

　　呼特勒敖包为典型的牧区乡村,风貌即为草原风貌,一望无际;牧民居住在自家的草场内,非常分散,村民房屋基本都为砖房,土房保留较少;村民夏季会在蒙古包内居住,冬天就在房屋内居住。

呼特勒敖包草原风貌

## 2　设施建设

### 2.1　道路交通

　　呼特勒敖包道路交通非常不便,苏木到嘎查没有硬化路,户与户之间都只有草原土路可以通行,牧民用铁丝网划定自家的草原后,留出的部分就成为通行道路;草原土路通行非常不便,坑洼较多,晴天通行尚可,雨雪天基本无法通行。

### 2.2　学校

　　苏木及嘎查并没有配置学校,村中适龄儿童上学需要到 190 千米之外的东

呼特勒敖包村内道路及入户道路

乌旗,非常不方便;旗县的幼儿园及小学没有寄宿制,家长需要在县里租房陪读,容易造成家庭矛盾。

### 2.3 卫生室

村中有一个卫生室,但使用非常不方便。

### 2.4 文体、养老

村中、乡里都没有敬老院。

村中只有一个草原书屋,与村委会的房屋布置在一起,使用率也很低;村中也没有娱乐活动及健身设施。

### 2.5 商业服务

村中没有商店,生活用品都需要去距离呼热图苏木 30 千米左右的乌拉盖管理区购买。

### 2.6 环卫

村中没有环卫设施,村民的垃圾都自己处理,以焚烧为主。

## 2.7　基础设施

村中基础设施建设非常滞后。

村民喝水存在很大的问题,水量少水质还差,村民打井往往在 100 米以上,成本为 700 元/米,国家补贴 75%,村民自筹 25%,村民还需要用水泵抽水;井水水质不好,含氟量较高,国家免费发放的净水器使用寿命也很短。

村中仅有 20 户左右的村民有通交流电,只有距电杆 1 千米之内的牧民能从电杆处拉一条电线给自家使用,其余村民都只能通过"风光互补"的发电装置来为家庭生活提供电力。国家只为第一次购买设备的村民提供补贴:70%的费用为国家出,村民自筹 30%,但即使 30%也有 10 000 元左右;发电设备电瓶使用寿命较短,1～2 年就需要更换。并且发电设备只能够生活用电,生产用电如水泵抽水还需要使用柴油发电机。

村民家中没有厕所,都为在草原上挖坑,然后放置一个铁皮的构筑物作为遮挡。

简易"风光互补"发电装置、草场水源及旱厕

村民燃料多为液化气和煤气,夏天会使用牛羊粪,冬天烧暖气大部分都需要用煤。液化气罐的更换在乌拉盖管理区。

村中仅有约 16 户村民能使用无线网。

## 3　居住生活

### 3.1　人口流动与外出务工

2014 年村中常住人口约为 517 人,户籍人口约为 517 人,共 137 户。村中基本没有外出务工的人口,中青年劳动力都在牧场放牧,除去在旗县陪读的成年人、外出读书的学生,村中再无外出人口。20 多岁找不到工作的年轻人同样会回家继续放牧。

未经过翻修的房屋及翻修过的房屋

### 3.2　自然村分布

牧区村庄并没有自然村的说法,村民的家分布在自家的草场内,整个村庄最集中的地方也仅 3～4 户村民,多因兄弟关系才会住在一起。

### 3.3　住宅建设

村中住宅多为砖房,80 年代之前建设的房屋约有 5 户,大部分房屋多在 1980 年代到 2000 年之间建成,2010 年以来新建的房屋约有 10 套;除居住的房屋外,村民家中还有储物房、抽水房、牛棚等建筑。

## 4　问题总结

### 4.1　村庄调研问题总结

① 交通不便是影响呼特勒敖包发展的最主要因素,从旗县到嘎查有 190 千米,虽然连接苏木的道路质量较好,但苏木至嘎查的道路几乎很难通行,生产性通行受阻较大。

② 教育设施的撤并对于草原村庄来说影响较大,190 千米的路程使学生无法每日往返,家长需要在旗县陪读,除了增加日常开销之外,长期分居还会造成家庭矛盾。

③ 草场与牲畜的养殖使得牧区乡村无法集中居住,但分散的布局使得基础设施、公共服务设施的配置遇到很大的困难;村民饮水、用电、看病、上学都有较大的问题。

④ 贷款越发成为阻碍村民致富,或者说导致村民致贫的原因;农村信用社贷款还款周期短,只有 10 个月,遇到如今年羊价下跌、草料价格上涨,或遇到雪灾,村民贷款应急,但 10 个月的时间不够村民进行资金周转,只得向高利贷借钱以还农村信用社的贷款,这样导致村民很难从"以贷还贷"的困境中脱出,反而会越发贫穷。

### 4.2　调研感想

呼热图苏木呼特勒敖包属于发展较好,牧民收入较高的牧区乡村,但随着草场质量逐渐下降,草料价格不断上涨,大部分村民自家的草场在冬季不够为自家牲畜提供草料,只能购买草料来越冬,成本在 10 万元左右;加上不断上涨的各种生活开销,牧民每年入手的纯收入不断降低,并且收入来源过于单一使得牧民没有承担风险的能力,如遇今年羊价下跌,村民没有别的办法维持正常收入。

牧区乡村居住条件相对恶劣,正常的供水、供电都不能得到保障。

# 内蒙古东乌里雅斯太旗呼热图苏木察干淖尔嘎查村庄调研报告

调研时间:2015 年 11 月 05 日,星期四

调研人员:张立恒 布仁巴图 康美 林楚阳

访谈村民:2 位

## 1  村庄概况

### 1.1  区位区划

察干淖尔位于呼热图苏木政府西南部,距离约有 90 千米,距东乌旗约有 100
千米,有一条省道由东乌旗通至呼热图苏木政府;由于察干淖尔原为苏木,后来
与呼热图苏木合并,成为嘎查,因此 3 年前开始修建一条从省道至原苏木所在地
的硬化路,路幅 3 米,去年修建完成。

### 1.2  地理形态

察干淖尔村域面积约为 394 平方千米,地形平整,略有起伏,全为草场。

### 1.3  人文历史

察干淖尔为草原蒙族村,村中牧民全为蒙古族,保留有一定的蒙古族文化,
如蒙古服饰、歌曲、蒙古包等等,但并非历史文化村。

### 1.4  经济产业

察干淖尔嘎查产业为畜牧业,村中草场面积约为 59.2 万亩,人均草场面积
约为 1 500 亩,户均牲畜约为 300 只,村民家中牛羊数量多的可达 1 000 头以上,
也存在少部分贫困户家中只有几十头;牧民全靠放牧维持生计,仅有 3~4 人外
出务工;往年人均收入可达 16 678 元,同样受 2015 年羊价下跌影响,今年村民收
入不如往年;察干淖尔草场质量较好,沙化不严重,禁牧较少,牧民采用轮牧的方
式进行放牧,每年都有当地的企业来村中收羊。

牧民家中羊的数量主要指母羊的数量,每年 3 月份母羊生产羊羔,到了 8 月
份长成的羊就需要出售,若 8 月份不出,草场中会生长一种俗称"狼针"的植物,
扎破羊皮,影响羊的出售价格。

村民的补贴主要为草场补贴及燃油补贴,草场补贴主要为"草蓄平衡"的补

贴,1.71 元/亩,燃油补贴为每户 500 元/年。

嘎查约有 14 300 亩集体草场,207 头种公羊,每年集体收入可达 6 万元;集体公羊每年出租给村民用于配种,集体收入用于管理集体的草场、冬季购买草料等。

### 1.5　整体风貌

察干淖尔为典型的牧区乡村,风貌即为草原风貌,一望无际;牧民居住在自家的草场内,非常分散,村民房屋基本都为砖房,土房保留较少;村民夏季会在蒙古包内居住,冬天就在房屋内居住。

察干淖尔草原风貌(自摄)

## 2　设施建设

### 2.1　道路交通

察干淖尔的道路交通与呼特勒敖包嘎查相比还算便利,有一条水泥硬化路通往原苏木所在地,3 年前开始修建,去年才完工,长度约为 30 千米;虽然路幅仅

3米,错车存在一定困难,但也是沿路两侧牧民便利出行的重要保证;除了沿硬化路分布的牧民,其余牧户出行都只能靠草场中的土路,晴天通行尚可,雨雪天气出行就会有很大问题。

同时在划定草场之后,牧民的铁丝网也成为通行的阻碍,有些时候需要绕路才能到达牧民家,对草场造成一定的破坏。

察干淖尔村内道路(自摄)

## 2.2　学校

原来察干淖尔还是苏木的时候配有学校,但行政合并后学校都被撤并,村中适龄儿童上学需要到100千米之外的东乌旗,非常不方便;旗县的幼儿园及小学没有寄宿制,家长需要在县里租房陪读,容易造成家庭矛盾。

村中每年约有7个学生考上大学,去年还有一个考上了北大。

## 2.3　卫生室

嘎查中没有卫生室,牧民需要去东乌旗看病。

### 2.4 文体、养老

村中、乡里都没有敬老院。

村中只有一个草原书屋,与村委会的房屋布置在一起,使用率也很低;村中也没有娱乐活动及健身设施。

### 2.5 商业服务

村中没有商店,生活用品都需要去距离嘎查十几千米的乌拉盖管理区或去东乌旗购买。

### 2.6 环卫

村中没有环卫设施,村民的垃圾都自己处理,以焚烧为主。

### 2.7 基础设施

村中基础设施建设同样十分滞后。

村民喝水存在很大的问题,水量少水质差,村民打井往往在 100 米以上,成本为 700 元/米,国家补贴 75%,村民自筹 25%,村民还需要用水泵抽水;井水水质不好,含氟量较高,国家免费发放的净水器使用寿命也很短;村中仅有 40 户的牧民有免费发放的净水器。

在"十个全覆盖"项目实施中,距电线杆 1 千米的牧户能享受到交流电,去年察干淖尔嘎查仅有 8 户左右的村民有通交流电,其余村民都只能通过"风光互补"的发电装置来为家庭生活提供电力。同样国家只为第一次购买设备的村民提供补贴:70%的费用为国家出,村民自筹 30%,但即使 30%也有 10 000 元左右;发电设备电瓶使用寿命较短,1~2 年就需要更换。并且发电设备只能够生活

草原中的电杆(自摄)

用电,生产用电如水泵抽水还需要使用柴油发电机。

村民家中没有厕所,都为在草原上挖坑,然后放置一个铁皮的构筑物作为遮挡。

村民燃料多为液化气和煤气,夏天会使用牛羊粪,冬天烧暖气大部分都需要用煤。液化气罐的更换在乌拉盖管理区。

## 3　居住生活

### 3.1　人口流动与外出务工

2014 年村中常住人口约为 486 人,户籍人口约为 486 人,共 129 户。村中基本没有外出务工的人口,中青年劳动力都在牧场放牧,仅 3~4 个人去旗县里务工。20 多岁找不到工作的年轻人同样会回家继续放牧。

### 3.2　自然村分布

牧区村庄并没有自然村的说法,村民分布在自家的草场内,最集中的地方也仅 3~4 户村民,且多为兄弟才会住在一起。

### 3.3　住宅建设

村中住宅多为砖房,1970 年代开始盖砖房,每户也还留有蒙古包,在"十个全覆盖"工程中,危房改造的数量较少,每户补贴 19 000 元,但受到交通条件的限制,牧民盖房的成本为 1 200 元/平方米,一套房屋建造下来需要 7 万~8 万元。

## 4　问题总结

### 4.1　村庄调研问题总结

基础设施的落后是影响察干淖尔发展的最主要因素,水、电、路现今都无法实现正常覆盖,直接影响了牧民的生产生活。

行政撤并需要慎重考虑,尤其在牧区,情况与农区不同,牧区面积大、人口少、牧民分布零散,行政撤并不当往往会造成公共服务设施的撤并,因此会增加牧民的交通出行成本和生活成本。

草场与牲畜的养殖使得牧区乡村无法集中居住,但分散的布局使得基础设施、公共服务设施的配置遇到很大的困难;村民饮水、用电、看病、上学都有较大的问题。

村民住宅及蒙古包(自摄)

贷款越发成为阻碍村民致富,或者说导致村民致贫的原因;嘎查中约有 50%
的牧民无法正常还贷,同样也是因为农村信用社贷款还款周期短的原因。

### 4.2　调研感想

呼热图苏木察干淖尔属于发展较好,牧民收入较高的牧区乡村,但随着草场
质量逐渐的下降,草料价格不断上涨,大部分村民自家的草场在冬季不够为自家
牲畜提供草料,只能购买草料来越冬,成本在 10 万元左右;加上不断上涨的各种
生活开销,牧民每年入手的纯收入不断降低,并且收入来源过于单一使得牧民没
有承担风险的能力,如遇今年羊价下跌,村民没有别的办法维持正常收入。

牧区乡村居住条件相对恶劣,正常的供水、供电都不能得到保障。

# 内蒙古阿拉善盟嘉尔嘎勒赛汉镇查汉鄂木嘎查村庄调研报告

调研时间:2015 年 11 月 6 日,星期五

调研人员:王强 崔卫民 张楠 王江

访谈村民:2 位

## 1    村庄概况

### 1.1    区位区划

乌兰哈达嘎查位于腾格里格里斯镇镇西南方,距镇区 15 千米,宁夏中卫市西北侧,距中卫 26 千米,距银川 148.5 千米。该村居民点呈散点式分布,农田分布在居民点四周。

### 1.2    地理形态

乌兰哈达嘎查全村户籍人口为 2 010 人,常住人口为 430 人。

全村有耕地 400 亩,全部为饲草料地,有公益林地 10 万亩,牧草地 30 万亩,通湖水域面积 50 万亩。

### 1.3    经济产业

查汉鄂木嘎查共有 175 户人家,430 名村民。在嘎查内还发展了旅游业,以通湖旅游区为主。乌兰哈达嘎查每户 18 岁以上的人可领草场补贴 13 000 元/年,18 岁以下的人口可领 2 000 元/年,60 岁以上的人口可领 11 000 元/年,所以人均收入较好。

查汉鄂木嘎查牧户的养殖以养马为主,多为个体养殖,大多一户 8 匹马,主要使用方法是在景区内为游客旅游。

## 2    设施建设

### 2.1    道路交通

因乌兰哈达嘎查居民在沙漠中呈散点式居住方式,整个嘎查内都是土路,没有修建任何道路设施。

乌兰哈达嘎查环境图

## 2.2 学校

嘎查内没有任何学校设施。村民子女大多都在嘎镇或中卫市或银川市上学,村民也认为不一定要在嘎查内有学校,镇里就能够提供方便、优质的教育。

## 2.3 卫生室

嘎查内没有卫生室,看病需去镇上医院内看。

## 2.4 文体、养老

嘎查内没有文体养老设施。

## 2.5 商业及服务

嘎查内无商业及服务设施,购买东西需在镇上或景区内购买。

## 2.6 环卫

嘎查内无环卫设施。

## 2.7 电力

村内每户都没有通电,日常用电是靠家中安装的风力发电机和太阳能发电机发电。

乌兰哈达嘎查村民供电设施

## 3　居住生活

### 3.1　人口流动与外出务工

乌兰哈达嘎查共有 175 户人家,430 名村民,因旅游产业收入较好,所以全村内无人外出打工。

### 3.2　自然村分布

乌兰哈达嘎查居民在沙漠中呈散点式居住形式,所以居住点较多。

### 3.3　住宅建设

村民住宅建成时间不一,80 年代至近两年均有,大多集中于 1980 年附近,近年来新建 60～70 套。

住宅全部为 1 层,多为土木结构,墙面裸露;建筑质量普遍较差,人均建筑使用面积在 100 平方米左右,户均宅基地 400 平方米。

所有家庭均未配备冰箱、空调等家用电器,家庭均无网络。老人缺乏活动场所,常年在家不外出活动,村中儿童多在外上学。

## 4　问题总结

### 4.1　调研存在问题总结

① 村庄旅游收入受季节影响较为严重,冬季游客较少。

② 村庄生活地区行车要求较高,受到沙漠地形的限制,入村较为困难。

③ 村庄的收入结构较为单一。

乌兰哈达嘎查住宅建设

④ 村庄基本无基础设施，尤其是没有通路。

⑤ 村庄内无公共交流空间。

⑥ 村庄农民的文化程度普遍较低。

## 4.2　乡村调研认识与体会

乡村的宁静与贴近自然，乡村让农民舍不得离开。但是迫于生活的压力和设施条件的不完善，还是会有农民选择离开，不过即使离开了，他们的心中还是一直想着生他养他的乡村。

随着全国新农村建设以及城镇化的推进，乡村生活必定会受到影响，很多人都向城市流动，只留下孤独的孤寡老人，乡村丧失人气、丧失活力。

关于近几年乡村建设中所发现的问题，有很多都是令人深思的。城市的发展离不开乡村，乡村的建设也不应模仿城市，乡村和城市的建设是两种不同的建设发展模式，而这两种发展模式是相互依存的。乡村里面存在着城市里所没有的宁静与安逸。作为一名从事城乡规划的工作者，我们帮助乡村在城镇化的发展浪潮中保存下它的内涵，使其不会淹没在城镇化的大浪中，在未来能让人们继续感受到乡村的质朴。

希望能在调研结果和整体规划的帮助下,乡村能有更好的发展前景。

## 内蒙古自治区阿拉善盟阿拉善左旗嘉尔嘎勒赛汉镇<br>阿敦高勒嘎查调研报告

调研时间:2015 年 11 月 6 日,星期五

调研人员:崔为民 王强 张楠 王江

访谈村民:5 位

# 1　村庄概况

## 1.1　区位区划

阿敦高勒嘎查位于嘉尔嘎勒赛汉镇以东,距离北部的超格图呼热苏木 33.34 千米,距离西南的腾格里额里斯苏木 72.51 千米,距离宁夏回族自治区中卫市 60.37 千米。嘉尔嘎勒赛汉镇镇政府驻地在豪依尔呼都格(李井滩)。地势东高西低,东部为低山丘陵,中部为起伏组地,西部为腾格里沙漠,平均海拔 1 400 米。

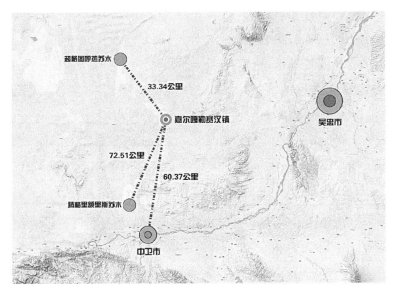

阿敦高勒嘎查区位分析、行政边界及村庄影像图(自绘)

### 1.2　地理形态

阿敦高勒嘎查面积 15.6 公顷,到 2015 年全村户籍人口为 425 人,常住人口为 390 人,所有居民点占地总面积 15.6 公顷,最大居民点用地规模 15.6 公顷,全村耕地面积 572.3 公顷,林地面积 80 公顷。

村庄集中布置,属于平原地形,境内无山地及其他地貌,无矿产。

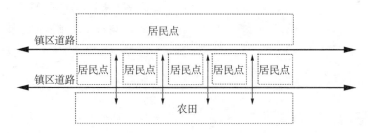

阿敦高勒嘎查空间结构概念示意图(自绘)

### 1.2　人文历史

阿敦高勒嘎查属于生态移民型村庄,村庄居民为汉族。这里通过统一规划,住宅建筑整齐,道路平整,环境良好。

### 1.3　经济产业

阿敦高勒嘎查是生态移民示范区,李井滩也是阿拉善盟实施"转移发展"战略的移民安置基地,这里有 177 户人家,390 多名村民,8 580 亩耕地。目前没有发展二产和三产,主要还是以一产为主。由于是移民型村庄,每家每户的状况都非常接近,宅基地面积全部为 1 000 平方

阿敦高勒嘎查农业作物(自摄)

米,由于村民经济条件不同,所以住宅面积也不一样,但是村民每年的收入都在 1 万元以上。

阿敦高勒嘎查的农民主要种植玉米和葵花,粮食对外销售。农户的畜牧主要是以个体畜牧为主,基本上是一种自家投资、自家养殖、自家经营、自家销售的方式,几乎每户人家养殖的规模都不大。

## 1.4    整体风貌

在阿敦高勒嘎查调研期间,一排排 1 层的民居排列整齐有序,设计合理。村民家中都有大院子,白色的院墙显得格外干净。

阿敦高勒嘎查村貌(自摄)

## 2    设施建设

### 2.1    道路交通

阿敦高勒嘎查位于嘉尔嘎勒赛汉镇西侧,村庄与嘉镇有一条道路相连,道路为双向两车道,人车混行,宽约 6 米,道路暂时没有行道树与公交站点,往来车辆不多,是对外联系的主通道。

### 2.2    学校

嘎查内没有设置学校,孩子上学全部都在嘉镇。

### 2.3    卫生室

嘎查内没有设置卫生室。

### 2.4    文体、养老

在"十个全覆盖"政策的引导下,嘎查内配备了娱乐设施,小型广场和图书馆,但是还没有配备老年活动中心。

### 2.5    商业及服务

嘎查内有小超市 1 个,规模很小,但是基本可以满足居民们的日常需要。

### 2.6    环卫

嘎查内垃圾有人在固定的时间回收。村庄内非常整洁,没有垃圾乱堆乱放的情况出现。

### 2.7　基础设施

嘎查内基础设施情况良好,村民吃水、用电都很方便,每家都有通讯设备。但是村民们的主要燃料还是以煤炭为主,道路两旁没有设置路灯。

## 3　居住生活

### 3.1　人口流动与外出务工

阿敦高勒嘎查有户籍人口425人,常住人口390人,村在外打工的人数大约20人,且以中青年壮年为主,多在中卫市或者阿拉善左旗务工。嘎查内生活节奏慢,收入低,所以一部分人希望外出找一份收入可观的工作,但是由于劳动力的外出,嘎查内也出现了一定的人口结构失衡的现象,中老年人是嘎查内的主要劳动人群。

### 3.2　自然村分布

阿敦高勒嘎查是生态移民嘎查,所以没有自然村的分布。

### 3.3　住宅建设

村民住宅建成时间都在2012年左右,建筑质量高,风格统一,户型统一。

住宅多为1层,经济条件不好的村民只修建了间房,但是经济条件较好的村民还配有自己家的停车场,可见嘎查内的贫富差距还是比较大的。

大多家庭均配备了冰箱、彩电等家用电器,少部分家庭有网络。村中留守老人及妇女较多,老人缺乏活动场所,常年在家不外出活动,村中儿童多在外上学,村中相对冷清。村里几乎没有多余的闲置空房,都有村民守家。

### 3.4　新农村或集中居民点建设情况

村中有做过集中布局规划,由于是生态移民示范点,居民比较集中,设施完善。

## 4　问题总结

### 4.1　阿敦高勒嘎查调研存在问题总结

① 嘎查内人口结构失衡,主要以中年人为劳动力。

② 嘎查内年轻人外出,村庄内人口少,没有活力。

阿敦高勒嘎查住宅建设(自摄)

③ 嘎查内的贫富差距较大,贫困家庭贫困老人较多。

④ 嘎查内的文教体卫设施以及老年人养老服务设施不足,需要加强投入建设。

⑤ 嘎查内缺少老年人交流的公共场所和公共娱乐文化活动。

⑥ 村庄农民的文化程度普遍较低。

## 4.2　乡村调研认识与体会

阿敦高勒嘎查的调研比较困难,拉善地区人口稀少,而嘉尔嘎勒赛汉镇的居民就更少了。生态移民村的建设让村民们离开了原有的家园,搬到了居住环境相对较好的阿敦高勒嘎查,但是由于生产的原因,村民还是需要回到以前的居民点进行劳动,所以阿敦高勒嘎查常住的人口每天都不固定。

整齐的道路,白色的院墙,空荡的街道是阿敦高勒嘎查给我的第一印象。由于调研当天是阴天,这种冷清的感觉显得格外的强烈。每家每户都好像没有人居住一样,村庄绿化没有实施,使得村庄看起来没有一点生活的气息。

但是这种感觉没有持续很久,当我们被村民邀请进入家中访谈的那一刻,眼前的景象让我不敢相信,原本冷清街道带给人的寒意瞬间被温暖的家庭布置取代。走进村民的家中,映入眼帘的是现代化的装修风格,客厅沙发、电视、茶几一应俱全,而且都是全新的,与客厅相连的是两间卧室和餐厅,餐厅中有一个烧炭的火炉,非常值得关注的是,火炉的质量安全很让人放心,具有压力表。餐厅的旁边是厨房,走出餐厅是一个非常大的院子,院子大概有 800 平米,院子中间堆放着晾晒的玉米,一旁修建了羊圈,与大门正对的是自己家修建的车库。这些画面让我对这个移民新村有了新的看法。但不是所有的居民家中都是这种场景,有些居民由于经济条件原因,只能修建一个 60 平方米左右的房子,而且外立面也没有粉刷,这 60 平方米左右的房子,与 1 000 平方米的院落相比非常的不协调,所以在这个移民新村中还是存在比较大的贫富差距的。由于生产不在这里,只有居住在这里,我们也没有看到村民的生产情况。

阿敦高勒嘎查最需要的就是提供就业岗位,改变村民的生产生活方式,这样就可以把村民留在这里。不仅提高了村民的生活水平,也可以提高他们的收入水平。目前阿敦高勒嘎查也有人口流失的现象,如果不通过就业等条件留住村民,那么无论为村民提供多好的居住条件也是无济于事的。收入水平提高了,村民们就会自发地建设自己的村庄,到那个时候,阿敦高勒嘎查不会再是一片寂静,街道两旁会有小商店,道路两旁会有行道树等绿色植物,一切就会变得生机勃勃。

# 后　记

　　本书的写作得益于住建部的研究课题启发,源于作者亲临牧区的调查,尤其是我的研究生林楚阳在荣丽华老师等的帮助下,在内蒙古和青海牧区累计获得了长达一个月的田野体验。但对牧区乡村的研究并不是本书的初衷,我们的实际研究对象是人口低密度地区的乡村人居环境,但囿于能力和精力未能如愿。事无尽善尽美,希冀本书能够促进对牧区草原乡村的更多关注。

　　本书的出版如果没有如下人士的无私帮助,是无论如何也无法完成的。

　　感谢住建部总经济师赵晖先生、张雁处长和郭志伟、胡建坤、李亚楠等同志对调研工作的支持。

　　感谢内蒙古工业大学胡晓海、张立恒、王强等老师及康美、张旭珍、卢东华等同学,为我们在内蒙古乡村的调研工作提供了最为重要的帮助。感谢青海省西宁市规划院的鲁青和、赵晓亮、刘云等,在青海的调研过程中,为我们提供了最真实的素材与资料。

　　特别感谢布仁巴图、徐广亮两位同学的亲身陪同与全力帮助,让楚阳得以顺利完成补充调研的工作,虽然补充调研的过程非常艰辛,阻力重重,但是两位同学不懈的努力与坚持不懈的精神支持着本书初稿的形成。

　　还要感谢赵民教授对本书初稿提出的宝贵建议,感谢内蒙古城市规划设计研究院杨永胜院长在本书提交前及时提供的相关素材资料。

　　感谢何莲、王丽娟、宝一力、承晨等同学在 2015 年全国乡村调研中的辛苦工作,没有你们的勤奋付出,当时的乡村调研无法全面完成。

　　感谢同济大学出版社华春荣社长的大力支持,感谢翁晗等编辑,没有你们的认真编辑和校对,本书无法顺利出版。

　　感谢我的助理李雯骐在本书出版的最后阶段,帮助我校对和完善相关内容。

　　限于作者的能力和精力,书中疏漏之处必然很多,恳请指出,不胜感激,联系邮箱:leonzsh@tongji.edu.cn。

    本书的出版仅仅是对人口低密度地区乡村人居环境研究的开始,希冀有更
多的学者能够切实关心牧区、关注牧区的乡村、关爱牧区牧民的生活。

    祝愿牧区、牧民的未来生活更加美好。


                                                    张  立
                                            同济大学城市规划系